安全生产"谨"上添花图文知识系列手册

应急避险安全常识
宣传教育手册

东方文慧　中国安全生产科学研究院　编

中国劳动社会保障出版社

图书在版编目（CIP）数据

应急避险安全常识宣传教育手册/东方文慧，中国安全生产科学研究院编. —北京：中国劳动社会保障出版社，2013

安全生产"谨"上添花图文知识系列手册

ISBN 978 - 7 - 5167 - 0321 - 2

Ⅰ.①应… Ⅱ.①东…②中… Ⅲ.①灾害 - 自救互救 - 手册

Ⅳ.①X4 - 62

中国版本图书馆 CIP 数据核字（2013）第 053496 号

中国劳动社会保障出版社出版发行

（北京市惠新东街 1 号　邮政编码：100029）

出 版 人：张梦欣

*

北京市白帆印务有限公司印刷装订　新华书店经销

880 毫米×1230 毫米　32 开本　3.625 印张　75 千字

2013 年 4 月第 1 版　2023 年 6 月第 15 次印刷

定价：20.00 元

营销中心电话：400 - 606 - 6496

出版社网址：http://www.class.com.cn

编委会名单

序

　　生产经营单位发生的大量事故，促使人们探求事故发生的原因及规律，建立事故发生的模型，以指导事故的预防，减少或避免事故的发生，于是就有了事故致因理论。

　　各种事故致因理论几乎都有一个共识：人的不安全行为与物的不安全状态是事故的直接原因。无知者无畏，不知道危险是最大的危险。人为失误、违章操作是安全生产的大敌。有资料表明，工矿企业 80% 以上的事故是由于违章引起的。因此，即使在现有的设备设施状况、作业环境、管理水平下，如果大幅度减少违章，安全生产状况也会有显著改善。

　　作业人员的遵章守纪，是安全生产的重要前提之一，其重要性不言而喻。企业员工要具备与自己的工作岗位相适应的生理、心理与行为条件，要具有熟练的操作技能，还应具备故障监测与排除、事故辨识与应急操作、事故应急救援等技能。这就是打造所谓"本质安全人"的基本要求，这也是企业面临的重要而艰巨的任务。

　　多年来，东方文慧为"本质安全人"奉献了大量优秀的安全文化产品。新年伊始，又策划出版了"安全生产'谨'上添花图文知识系列手册"，这是一件十分有意义的事情。通过安全生产知识的学习，对提高广大员工的安全素质将会起到重要作用。

　　系列手册包括《安全生产基础知识宣传教育手册》《作业现场安全知识宣传教育手册》《消防安全知识宣传教育手册》《全民公共安全知识宣传教育手册》《员工安全行为规范宣传教育手册》《道路交通安全知识宣传教育手册》《应急避险安全常识宣传教育手册》《高危作业场所安全防护与职业卫生宣传教育手册》《安全标志认知与应用宣传教育手册》《火灾扑救与火场逃生宣传教育手册》10个分册，内容翔实，图文并茂，通俗易懂，是企事业单位安全生产培训与宣教以及职工自主学习的优秀资源。

　　我相信，系列手册的出版将会为企业的安全生产增砖添瓦。我愿意将系列手册推荐给广大职工，同时将我的祝福送给各位朋友：平安相随，幸福相伴！

赵云胜

目 录

第一章　自然灾害防灾应急避险…………………………… 1

　第一节　恶劣天气防灾应急避险 ………………………… 1
　第二节　汛期防灾应急避险 ……………………………… 11
　第三节　地质灾害应急避险 ……………………………… 30

第二章　社会生活安全应急避险…………………………… 39

　第一节　公共场所安全应急避险 ………………………… 39
　第二节　突发环境事件安全应急避险 …………………… 54
　第三节　生活安全应急避险 ……………………………… 62

第三章　事故应急救援要则………………………………… 87

　第一节　日常急救要则与应急 …………………………… 87
　第二节　日常生活急救技术与应急 ……………………… 95

第一章

自然灾害防灾应急避险

第一节　恶劣天气防灾应急避险

一、高温天气应急避险

1. 高温天气的概念

日最高气温达到35℃以上，就是高温天气。如果连续三天气温达到35℃，会发布高温黄色预警信号；如果当日气温达到37℃，会发布高温橙色预警信号；如果当日气温达到40℃，会发布高温红色预警信号。而某日最高气温达到35℃以上，称为高温日。

2. 高温天气的危害

（1）中暑。高温天气对人体健康的主要影响是产生中暑以及诱发心脑血管疾病导致死亡。人体在过高环境温度作用下，体温调节机制暂时发生障碍，从而造成体内热蓄积，导致中暑。

中暑按发病症状与程度，可分为轻症中暑和重症中暑。

1）轻症中暑。轻症中暑除中暑先兆的症状加重外，出现面色潮红、大量出汗、脉搏快速等表现，体温升高至38.5℃以上。

2）重症中暑。重症中暑可分为热射病、热痉挛和热衰竭三型，也可出现混合型。

①热射病。热射病（包括日射病）也称中暑性高热，其特点是在高温环境中突然发病，体温高达40℃以上，疾病早期大量出汗，继之"无汗"，可伴有皮肤干热及不同程度的意识障碍等。

②热痉挛。热痉挛主要表现为明显的肌痉挛，伴有收缩痛。好发于活动较多的四肢肌肉及腹肌等，尤以腓肠肌为著。常呈对称性。时而发作，时而缓解。患者意识清，体温一般正常。

③热衰竭。起病迅速，主要临床表现为头昏、头痛、多汗、口渴、恶心、呕吐，继而皮肤湿冷、血压下降、心律失常、轻度脱水，体温稍高或正常。

（2）心脑血管疾病。对于患有高血压、心脑血管疾病，在高温潮湿、无风低气压的环境里，人体排汗受到抑制，体内蓄热量不断增加，心肌耗氧量增加，使心血管处于紧张状态，闷热还可导致人体血管扩张，血液黏稠度增加，易发生脑出血、脑梗死、心肌梗死等症状，严重的可能导致死亡。

（3）夏季综合征，包括热伤风、腹泻、皮肤过敏。

1）热伤风。炎热的夏季里，在高温环境下人体代谢旺盛，能量消耗较大，而闷热又常使人睡眠不足、食欲不振，造成人体免疫力下降。此时如不加节制地使用空调或电扇来解暑，人体长时间处于过低温度环境里，机体适应能力减退，抵抗力下降，病菌、病毒就会乘虚而入，易引起上呼吸道感染（感冒）。

2）腹泻。高温高湿环境，细菌、病毒等微生物大量滋生，食物极易腐败变质，食用后会引起消化不良、急性胃肠炎、痢疾等疾病的发生。另外，人们从室外高温环境中回到家里，习惯马上打开空调或用电扇直吹，吃些冰镇食品，这一冷一热，很可能马上就腹泻。

3）皮肤过敏。闷热天气，人体排汗不畅还容易导致皮肤过敏症，特别是 10 岁以下的儿童，主要为丘疹样荨麻疹、湿疹、接触性皮炎等。常常由于儿童对高温高湿天气的适应能力差，以及蚊虫叮咬或花粉、粉尘过敏等引起。

3. 高温天气的预防措施

（1）白天尽量避免或减少户外活动，尤其是 10—16 时不要在烈日下运动。

（2）采取防晒措施，防止皮肤灼伤。

（3）注意不要让空调直吹头部，室内外温差不宜太大。

（4）宜穿吸汗、宽松、透气衣服，以白、浅色为好，应勤换勤洗。

（5）适量饮淡盐水、凉茶、绿豆汤等，不可过度吃冷饮；宜吃清淡、易消化、富含维生素的食物，注意饮食卫生，不宜吃剩菜剩饭，以免食物中毒。

（6）浑身大汗时，不宜立即用冷水洗澡，应先擦干汗水，稍事休息后再用温水洗澡。

（7）中午要午睡 1 h，减轻工作强度。

（8）要注意防蚊、虫咬伤，器械割伤，开水、滚油烫伤等。

（9）要注意对特殊人群的关照，特别是老人和小孩，高温天气容易诱发老年人心脑血管疾病和小儿不良症状。

4. 高温天气应急避险

（1）外出要打伞、戴遮阳帽、涂防晒霜，避免强光灼伤皮肤。

（2）感到身体温度升高要及时饮用凉白开水、淡盐水、白菊花水、绿豆汤等防暑饮品。

（3）轻微中暑现象出现后，要擦拭、服用一些常用的防暑降温药品，如清凉油、十滴水、人丹等。

（4）如发生严重中暑情况，应立即把病人抬至阴凉通风处，给病人服用防暑药品，并立刻送往医院进行专业救治。

二、寒冷天气应急避险

1. 寒冷天气的概念

寒冷天气是指地面和大气温度低的天气，让人感到寒冷。冬季天气的寒冷程度历来为人们所关心，并以温度计的摄氏度数来衡量，如 –4℃、–10℃等。

2．寒冷天气的危害

（1）冻伤。当气温降到零下1℃时，皮肤与肌肉就会发生冻伤，在体表裸露部位和远离心脏的区域都可能发生冻伤（远离心脏的区域受血液循环的影响最小），如手、脚、鼻、耳、脸等相对裸露的部位。皮肤冻伤时，首先感到刺痛，接着皮肤出现苍白的斑点，感到麻木，进一步会出现卵石般的硬块，伴有疼痛、肿胀、发红、水疱，最后减弱、消失。

1）一度冻伤。皮肤苍白、麻木，进而皮肤充血、水肿、发痒和疼痛。

2）二度冻伤。除皮肤红肿外，出现大小不等的水疱，水疱破溃后流出黄水，自觉皮肤发热，疼痛较重。

3）三度冻伤。局部皮肤或肢体坏死，出现血性水疱，皮肤呈紫褐色，局部感觉消失。

（2）冬季综合征，包括心脑血管疾病、风湿性关节炎。

1）心脑血管疾病。每当寒冷天气来临，在气温由高变低、风力由小变大的转换期内，心脏疾病发作频繁，约有一半左右的心肌梗死和冠心病患者，病情不同程度地加重。

2）风湿性关节炎。风湿性关节炎患者对寒冷天气也较为敏感，约有75%的关节炎患者，在寒冷大气来临前12 h疼痛开始加强，降温时疼痛最甚，温度升高后疼痛逐渐减轻。此外，支气管哮喘、肺结核咯血等病症也都随着冷风的逼近而加剧。

3．寒冷天气的预防措施

（1）在保证室内通风良好的情况下，避免不必要的开门和开窗，关上不需要的房间门。

（2）穿保暖衣物并保持干燥。确保外衣密实挡风，从而减少身体热量的流失。羊毛、丝绸和聚丙烯衬里的衣服要比棉质衣服保暖。过量的流汗会增加热量的流失，所以，当感到热时脱掉不需要的衣服。当发生持续的颤抖时，应尽快回到室内，因为颤抖是身体流失热量的重要信号。

（3）关注老人和婴儿的保暖。1岁以下的婴儿绝不能在寒冷的房间睡觉。给婴儿提供保暖的衣物，并且保持温暖的室温。紧急情况下，可以用自己的体温来为婴儿保暖；室内有65岁以上老人时，寒冬期间应经常检查室温，保证房屋足够温暖。

（4）严寒天气要坚持科学饮食：

1）均衡饮食有助于保持温暖。

2）进食一些高能量食品，饮用温暖的甜饮料。

3）不要进食生冷食品。

4）不要进食冰冻饮料，以免引起肠胃痉挛。

5）不要饮用含有酒精和咖啡因的饮料，以免引起热量快速流失。

4．寒冷天气应急避险

（1）当气温骤降时，要注意添衣保暖，特别是要注意手、脸（口与鼻部）的保暖。

（2）特别关注心脑血管疾病患者、哮喘病人等对气温变化敏感的人群，出现异常病状立即就医。

（3）注意休息，不要过度疲劳。

（4）采用煤炉取暖的居民要仔细检查，提防煤气中毒，一旦发生意外，立刻采取措施。

安全妙语"谨"上添花：

酷暑天气需降温　　食物变质不能吃
严寒天气要保暖　　科学饮食益身心

三、雾霾天气应急避险

1. 雾霾天气的概念

霾是指空气中的灰尘、硫酸、硝酸、有机碳氢化合物等粒子使大气混浊，造成视程障碍。当水平能见度小于 10 000 m 时，这种非水成物组成的气溶胶系统称为霾或灰霾。雾是近地面空气达到饱和时水汽在气溶胶粒子上凝结或凝华为水滴或冰晶，从而使能见距离降低到 1 000 m 以内的天气现象。城市中的雾同样吸附有硫酸、多环芳烃、汽车尾气以及灰尘等有害物质。

雾霾天气中气溶胶有害物质的来源，一方面是日常发电、工业生产、汽车尾气的排放、烟花爆竹的燃放、垃圾等的焚烧以及公路扬尘和建筑扬尘；另一方面是自然界的风沙尘土、森林火灾、海水喷溅等。

2. 雾霾天气的危害

雾霾天气的气溶胶吸附有硫酸、硝酸、多环芳烃、铅、铜等多种重金属的颗粒，对人体可以产生急性或慢性健康损害。

（1）急性健康损害。主要是对呼吸系统和心血管疾病的影响，如诱发慢性支气管炎、慢性咽炎、鼻炎等慢性疾病的急性发作，出现咳嗽、咳痰，特别是肺病、哮喘、慢性阻塞性肺炎等疾病的患者，可能导致病情加重。

（2）慢性健康损害。主要是由于雾霾天气的气溶胶常常吸附有多环芳烃、铅、砷等多种有毒物质，其中动力学直径小于 $2.5\ \mu m$ 的颗粒物能够进入肺泡以及血液引起疾病。这些有害物质部分可以越过胎盘屏障影响胎儿，特别是妊娠早期，可导致胎儿发育迟缓和低体重。有些还是致癌、促癌物质，会提高人群肺癌的发病率和死亡率。

3. 雾霾天气的预防措施

（1）在雾霾浓度较大时不要进行户外锻炼，特别是晨练，如有锻炼的习惯，可以改为室内锻炼。

（2）尽量减少外出，如需外出要佩戴口罩。普通口罩对雾霾天气颗粒物的过滤效率有限，医用 N95 口罩效果好，但老年人和有心脑血管疾病的人不宜长时间佩戴，以免呼吸困难导致头晕。

（3）早晚雾霾浓度较高时避免开窗，如家里有感冒的病人，可以单独隔离一个房间，在中午雾霾浓度相对低的时候开窗 15 min 左右。如果是靠近马路的住户，在白天车流量较大时尽量少开窗。此外，开车时也尽量少开窗，空调应用内循环。

（4）搞好个人卫生，外出回家后要及时洗脸、漱口、清理鼻腔，去掉身上所附带的污染残留物。

（5）为预防流感等呼吸道传染病的爆发，公共场所需在雾霾浓度低的时候加强通风。

（6）注意饮食清淡多喝水，少吃辛辣等刺激性食物，适当多食豆腐和牛奶。蛋白质有很好的提高免疫力的作用，豆腐富含蛋白质且不油腻，但老人肾功能下降时，不能吃太多豆腐。

（7）心理脆弱、患有心理障碍的人在雾霾天气里会感觉心情异常沉重，精神紧张，情绪低落，这类人群在雾霾天气要注意情绪调节。可以听听音乐，做些自己感到愉快的事情。

4. 雾霾天气应急避险

（1）开车集中精力，雾霾天气遇到冷空气会直接导致冻雨的产生，因此要谨慎慢行，出现险情要迅速撤离事故现场，转至安全区域并报警。

（2）呼吸道出现病症要及时就医，因为这样恶劣的天气下，呼吸道疾病极易引发肺炎。

安全妙语"谨"上添花：

雾霾天气危害多　　室外活动应减少
外出最好戴口罩　　行车精神应集中

四、大风天气应急避险

1. 大风天气的概念

大风是指近地面层风力达蒲福风级 8 级（平均风速 17.2 ～ 20.7 m/s）或以上的风。

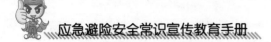

2．大风天气的危害

大风会毁坏地面设施和建筑物；海上的大风则影响航海、海上施工和捕捞等作业，危害甚大，是一种灾害性天气。

（1）浮尘。尘土、细沙均匀地浮游在空中，使水平能见度小于 10 km 的天气现象。

（2）扬沙。风将地面沙尘吹起，使空气相当混浊，水平能见度在 1~10 km 以内的天气现象。

（3）沙尘暴。强风将地面大量沙尘吹起，使空气很混浊，水平能见度小于 1 km 的天气现象。

（4）强沙尘暴。大风将地面沙尘吹起，使空气非常混浊，水平能见度小于 500 m 的天气现象。

3．大风天气的预防措施

（1）关注天气预报，加固门窗、围栏、架棚等容易被风吹动的搭建物，妥善安置易受大风损坏的室外物品。

（2）不要将车辆停在高楼、大树下方，以免玻璃、树枝等吹落造成车体损伤。

（3）孕妇、老人和小孩不要在大风天气外出。

4．大风天气应急避险

（1）大风天气，在施工工地附近行走时应尽量远离工地并快速通过。不要在高大建筑物、广告牌或大树下方停留。

（2）机动车和非机动车驾驶员应减速慢行。

（3）立即停止高空、水上等户外作业；立即停止露天集体活动，并疏散人员。

安全妙语"谨"上添花：

大风天气危害多　　户外活动实不该
若要出行无法免　　行色匆匆早归来

第二节　汛期防灾应急避险

一、暴雨应急避险

1. 暴雨的概念

暴雨一般是指每小时降水量达 16 mm 以上、连续 12 h 降水量达 30 mm 以上或连续 24 h 降水量达 50 mm 以上的降水。

我国气象部门规定，24 h 降水量为 50 mm 或以上的雨称为暴雨。按其降水强度大小又分为三个等级，即 24 h 降水量为 50~99 mm，称为暴雨；100~250 mm，称为大暴雨；250 mm 以上，称为特大暴雨。

2. 暴雨的危害

（1）渍涝危害。由于暴雨急而大，排水不畅易引起积水成涝，土壤孔隙被水充满，造成陆生植物根系缺氧，使根系生理活动受到抑制，加强了嫌气过程，产生有毒物质，使作物受害而减产。

（2）洪涝灾害。由暴雨引起的洪涝淹没作物，使作物新陈代谢难以正常进行而发生各种伤害，淹水越深，淹没时间越长，危害越严重。特大暴雨引起的山洪暴发、河流泛滥，不仅危害农作物、果树、林业和渔业，而且还会冲毁农舍和工农业设施，甚至造成人畜伤亡，经济损失严重。

3．暴雨的预防措施

（1）检查房屋和地势，如果是处于危旧房屋或地势低洼的地方，应及时转移。

（2）暂停室外活动，学校可以暂时停课。

（3）检查电路、炉火等设施是否安全，关闭煤气阀和电源总开关。

（4）提前收、盖露天晾晒物品，将家中贵重物品置于高处。

（5）暂停田间劳动，户外人员应立即到地势高的地方或山洞暂避。

（6）预防居民住房发生小内涝，可因地制宜，在家门口放置挡水板、堆置沙袋或堆砌土坎。

（7）注意夜间暴雨，提防旧房屋倒塌伤人。

（8）下水道是城市中重要的排水通道，不要将垃圾、杂物丢入马路旁的下水道，以防堵塞，积水成灾。

（9）家住平房的居民应在雨季来临之前检查房屋，维修房顶。

4．暴雨应急避险

（1）立即停止一切户外活动。

（2）在户外积水中行走时，要注意观察，贴近建筑物行走，防止跌入窨井、地坑等。

（3）驾驶员遇到路面或立交桥下积水过深时，应尽量绕行，避免强行通过。

（4）雨天，汽车在低洼处熄火，千万不要在车上等候，应下车到高处等待救援。

（5）暴雨期间尽量不要外出，必须外出时应尽可能绕过积水严重的地段。

（6）在山区旅游，注意防范山洪。上游来水突然变混浊、水位上涨较快时，须特别注意。

二、冰雹应急避险

1. 冰雹的概念

夏天天气炎热，太阳把大地烤得滚烫，容易产生大量近地面湿热空气。湿热空气快速上升，温度急速下降。热空气中的水汽碰到冷空气凝结成水滴，并很快冻结起来，形成小冰珠。小冰珠在云层中上下翻滚，不断将周围水滴吸收凝结成冰，变得越来越重，最后就从高空砸了下来，这就是冰雹。

可见，冰雹只有在热湿气流强烈上升时才能产生。据估计，其气流上升速度必须超过 20 m/s。所以，冰雹多在夏季产生。而在冬季，近地面气温很低，不可能产生强大的快速上升气流，所以也就无法形成冰雹了。

2. 冰雹的危害

（1）我国除广东、湖南、湖北、福建、江西等省冰雹较少外，各地每年都会受到不同程度的雹灾。尤其是北方山区及丘陵地区，地形复杂，天气多变，冰雹多、受害重，对农业危害很大。猛烈的冰雹打毁庄稼，损坏房屋，人被砸伤、牲畜被砸死的情况也常常发生。因此，冰雹是我国严重灾害之一。

（2）冰雹对作物的危害主要体现在三个方面：

1）冰雹自高空落下砸伤作物。

2）降温形成冻害。

3）使土壤板结，透气性差，作物间接受害。

冰雹对农业生产危害的轻重，取决于降雹强度、持续时间、雹粒大小，也取决于作物种类、品种和所处生育期。禾本科作物生育前期抗灾能力强，生育后期抗灾能力弱；双子叶作物苗期抗灾能力弱，生育中后期抗灾能力强。其中，烤烟生育中后期抗灾能力极弱，一旦遭受冰雹危害则损失惨重。

3．冰雹的预防措施

（1）注意收听收看当地天气预报，了解天气变化趋势，做好防雹准备。

（2）注意当天天气状况，如果易下冰雹季节的早晨凉、湿度大，中午太阳辐射强烈，造成空气对流旺盛，则易发展成积雨云而形成冰雹。因此，有"早晨凉飕飕，午后打破头""早晨露水重，后响冰雹猛"的说法。

（3）出现这种天气时，老人、小孩不要外出，最好留在家中，及时躲避。民间有"黑云尾、黄云头，冰雹打死羊和牛"的说法，要特别当心这种天气。

4．冰雹应急避险

当冰雹来临时，要迅速在最近处找到带有顶棚、能够避雷防雹的安全场所，防止冰雹的袭击；如在室外，应用雨具或其他代用品保护头部，并尽快转移到室内，以免造成伤亡。

安全妙语"谨"上添花：

冰雹袭来破坏大　　农业作物最怕它
根据天气早准备　　措施得当少损失

三、台风应急避险

1．台风的概念

我国习惯称海温高于 26℃的热带洋面上发展的热带气旋为台风。热带气旋按照强度不同，依次可分为六个等级：热带低压、热带风暴、强热带风暴、台风、强台风和超强台风。自 1989 年起，我国采用国际热带气旋名称和等级标准。

台风发生的规律及其特点如下：

（1）季节性。在我国，台风（包括热带风暴）一般发生在夏秋之间，最早发生在 5 月初，最迟发生在 11 月。

（2）台风中心登陆地点难以准确预报。台风的风向时有变化，常出人意料，台风中心登陆地点往往与预报有偏差。

（3）台风具有旋转性。其登陆时的风向一般先北后南。

（4）损毁性严重。对不坚固的建筑物、架空的各种线路、树木、海上船只、海上网箱养鱼、海边农作物等破坏性很大。

（5）强台风发生常伴有大暴雨、大海潮、大海啸。

（6）强台风发生时，人力不可抗拒，易造成人员伤亡。

2．台风的危害

（1）大风。飓风级的风力足以损坏以至于摧毁陆地上的建筑、桥梁、车辆等。特别是在建筑物没有被加固的地区，造成的破坏更大。大风也可以把杂物吹到半空，使户外环境变成非常危险。

（2）风暴潮。因为热带气旋的风及气压造成的水面上升，可以淹没沿海地区，倘若适逢天文高潮，危害更大。

（3）大雨。热带气旋可以引起持续的倾盆大雨。在山区的雨势更大，并且可能引起河水泛滥、土石流及山泥倾泻。

（4）热带气旋也会给登陆地造成若干间接破坏，包括：

1）疾病。热带气旋过后所带来的积水以及下水道所受到的破坏，可能会引起流行病。

2）破坏基建系统。热带气旋可能破坏道路、输电设施等，阻碍救援工作的开展。

3）农业。风、雨可能破坏渔业、农产品，引致粮食短缺。

4）盐分。海水的盐分随着热带气旋引起的巨浪被带到陆上，附着在农作物的叶面上可导致农作物枯萎，附着在电缆上则可能引起漏电现象。

5）加强季候风寒流或大陆反气旋强度。当热带气旋遇上相当强烈的大陆寒流时，两者之间的气压梯度增加，后者会吸收热带气旋的能量，使寒流增强。

3. 台风的预防措施

（1）检查家里的门窗是否牢固，并及时关好窗户，取下悬挂物。如果门窗存在缝隙，可能会漏水，要提前找专业维修人员进行修理或采取防范措施，避免刮台风下暴雨时，家里遭雨水侵袭。

（2）检查电路、煤气等设施是否安全。阳台上的花盆、衣服、雨篷以及其他杂物，都应该提前固定或者转移到安全地方，以免发生意外。

（3）加固门窗雨篷，清理窗台屋顶，防止高空坠物。

（4）减少外出，远离危旧房、工棚、临时建筑、脚手架、电线杆、树木、广告牌、铁塔等。

（5）如果居住在一楼，平时容易下大雨时积水的，最好把一些重要的货物、不能碰水的电器转移到安全地方。如果房子陈旧有安全隐患的，必要时可以暂居亲友家。

（6）储备水、罐装食品、手电筒、收音机、常用药品、电池等物品，以备不时之需。

（7）通过电视、电台等多种渠道，了解最新的台风动态。

4．台风应急避险

（1）不要把车停在露天广告牌、树下，或者居民楼下，以免花盆等物坠落；如果地处低洼，要及早把车移到高处停放，以免发生水淹。

（2）暴雨来临时，切断家用电器电源，不触摸裸露电线。

（3）台风袭来时尽量不外出，雨中行车要开灯，能见度低于200 m应驶离高速公路，车遇水时先离开再求助。

（4）不在强风区域开车，不在河边或小桥上行走，不蹚积水区。

（5）台风中不打赤脚或穿凉鞋，穿着雨靴防雨又绝缘，受伤后拨打"120"，不要盲目自救。

（6）及时离开移动性房屋、危房、简易棚、铁皮屋，也不能靠在围墙旁避风，以免围墙被台风刮倒引起人员伤亡。

（7）如果在外面，千万不要在临时建筑物、广告牌、铁塔、大树等附近避风避雨；如果开车，则应立即将车开到地下停车场或隐蔽处。

（8）千万不要为赶时间而冒险蹚过湍急的河沟。

安全妙语"谨"上添花：

台风来临真可怕　　强风暴雨破坏大
居家加固门和窗　　外出多把小心加

四、洪水应急避险

1．洪水的概念

洪水是河流、湖泊、海洋等一些地方，在较短的时间内水体突然增大，造成水位上涨，淹没平时不上水的地方的现象，常威胁到有关地方安全或导致淹没灾害。

（1）按洪水发生的不同区域，可分为河流洪水、湖泊洪水、海岸洪水、山洪等。

（2）按成因不同，洪水可分为：

1）暴雨洪水，即由降雨形成的洪水。

2）融雪（冰）洪水和雨雪混合洪水，即江河流域面积内如有高寒积雪或结冰地区，当气温急剧上升时积雪（冰）迅速融化，就会形成融雪（冰）洪水。如果同时再有降雨，就会形成雨雪混合洪水。

3）冰凌洪水，又称凌汛，是由于气温下降时河水结冰封冻和气温回升后解冻开河时冰凌阻塞河槽而形成的洪水，是热力、动力、河道地形等因素综合作用的结果。

4）山洪和泥石流。山洪是在山区沟谷中突降暴雨或因气温急剧上升大量积雪（冰）融化而形成的局部性洪水；泥石流是在表层地质疏松、山坡岸壁容易崩塌和堆积物较多的山区，遇到暴雨或大量融化的冰雪而形成的局部性洪水。

5）溃坝洪水，是指水坝或其他挡水建筑物突然崩溃，大量蓄水突然下泄而造成的洪水。

6）天文潮，是地球上的海洋受月球和太阳的引潮作用而产生的增水、减水现象。

7）风暴潮，是由于气压、大风等气象因素的急剧变化而造成海岸和河口水位异常升降的现象。

2．洪水的危害

洪水灾害是世界上最严重的自然灾害之一，洪水往往分布在人口稠密、农业垦殖度高、江河湖泊集中、降雨充沛的地方，如北半球暖温带、亚热带。我国、孟加拉国是世界上洪水灾害发生最频繁的地区，美国、日本、印度和欧洲的洪水灾害也较严重。

我国幅员辽阔，地形复杂，季风气候显著，是世界上水灾频发且影响范围较广泛的国家之一。全国约有35%的耕地、40%的人口和70%的工农业生产经常受到江河洪水的威胁，并且因洪水灾害而造成的财产损失居各种灾害之首。

洪水灾害具有明显的季节性、区域性和可重复性。世界上多数国家的洪水灾害易发生在下半年，我国的洪水灾害主要发生在4—9月，如我国长江中下游地区的洪水几乎全都发生在夏季。洪水灾害与降水时空分布及地形有关。世界上洪水灾害较重的地区多在大河两岸及沿海地区。对于我国来说，洪涝一般是东部多，西部少；沿海地区多，内陆地区少；平原地区多，高原和山地少。洪水灾害同气候变化一样，有其自身的变化规律，这种变化由各种长短周期组成，使洪水灾害循环往复发生。

3. 洪水的预防措施

（1）观察周围建筑与交通情况，避难所一般应选择在距家最近、地势较高、交通较为便利处，并有供水设施，卫生条件较好。在城市中大多是高层建筑的平坦楼顶，地势较高或有牢固楼房的学校、医院等。

（2）储备必要的医疗用品，妥善安置贵重物品，准备必要的衣物、食品，做好援救和被援救的准备。

（3）扎制木排，并搜集木盆、木块等漂浮材料加工成救生设备，以备急需；洪水到来时难以找到适合的饮用水，所以在洪水到来之前，可用木盆、水桶等盛水工具储备干净的饮用水。

（4）准备好医药、取火等用品；保存好各种尚能使用的通信设施，可与外界保持良好的通信。

（5）在易受洪水淹没的地区，当天气预报报有连续暴雨或大暴雨时，应随时注意水位变化，及时了解洪水的情况，采取适当措施，避免或减轻洪水的危害。

（6）将衣被等御寒物放至高处保存；将不便携带的贵重物品进行防水捆扎后埋入地下或放置高处，票款、首饰等物品可缝在衣物中。

（7）在洪水到达之前，最重要的是选择逃生路线和要到达的目的地，避免路线太远。遇到洪水围困，不了解水情不要涉险。

4．洪水应急避险

（1）洪水袭来时的应急避险：

1）当洪水威胁到房屋时，应及时关闭电源总开关和煤气阀，以免着火和触电伤人。

2）为防止洪水涌入屋内，可用自制的沙袋或毛毯等堵住门窗的缝隙。

3）如果洪水不断上涨，你就应留心储备一些饮用水、食物、保暖衣物、轻便简单的炊具、打火机、火柴等。

4）如果洪水迫使你躲到屋顶上暂避，或者要用自制的木筏逃生时，还应准备一些可发出求救信号的东西，如手电筒、应急灯、哨子、旗帜、鲜艳的床单、沾油的破布（纸或木棍）、镜子等。

5）离开房屋前要多吃些和带些含热量较多的食品。制作简单木筏可用木梁、箱子、木板或衣柜等任何能浮在水面上的东西，水流很急时或不到最后关头都尽可能不用木筏逃生。

6）当你需要涉水行走时，要选择水流较平缓的地方侧身一步一步地划步横行，要先站稳一只脚后，才能抬起另一只脚，并用一根长杆探测水深及防止跌倒。

（2）洪水过后的环境处置：

1）保证食品卫生。

①汛期正值夏秋季节，受灾地区一般湿度大、温度高，食品容易受到细菌、霉菌及各种化学物质的污染。食用被污染的食品后，会对人体健康产生不同程度的危害，如肠炎、痢疾、急慢性中毒等。

②不要食用受污染的食品，如被水淹过或由于其他原因受污染的面粉、挂面、饼干、面包等；不吃未洗净的瓜果；不吃过期糕点、馊饭菜和霉变的米面。汛期病死或死因不明的畜禽及水产品很多，要严格管理，坚决禁止其上市，不能让受灾群众或防汛人员食用。此外，还要防止受灾群众误食有毒的蘑菇、野菜、野果等。

③集体进餐时，更要确保供应食品的卫生。要加强对集体食堂、食品原料、食品容器的卫生管理。所用容器、工具、设备必须符合卫生标准和要求，防止食品污染。受灾地区的食品生产企业恢复生产时，必须对环境、生产和销售工具进行彻底清洗和消毒，以防交叉污染。

2）保护水源。发生自然灾害之后，水源往往受到破坏或不能利用，这时首先要寻找可用的水源，如清洁的河、湖、塘水、泉水、井水。为保护水源，应当做到：

①水源尽量避开排污工厂。

②不能在水源边修建厕所、猪牛羊圈，也不能堆放垃圾。

③生活污水不要直接排入水源，要经过无害化处理。

④把水源分成三段，上段作为人的饮用水，中段作为人的洗用水，下段作为牲畜饮用水。

⑤对湖、塘、堰的水源，要筑起井或沙滤围堤，使饮用水得到过滤澄清。

3）粪便管理。灾区居住条件较差，人口密度大，甚至人畜混杂，环境卫生恶化，这时粪便管理就显得特别重要。粪便可能含有各种致病的细菌、病毒、寄生虫卵，可以传播疾病。粪便又是苍蝇等害虫的滋生地。粪便管理不好，便会污染环境、污染水源，影响居民的生活质量。

为做好粪便管理，应做到：

①选择地势较高的地方，埋上粪缸或挖粪坑，坑周围用石灰或水泥砌筑，以减少粪液外渗。

②粪坑要有掩盖，周边要挖排水沟，以防雨水冲灌。

③不可随地大小便。

④畜禽应建栏饲养，栏内的畜禽粪便也要及时清入集中粪池。

⑤简易粪坑要挖深，每两天撒一次石灰，石灰层厚 5 cm，以防蚊蝇滋生。

4）拒绝食用死因不明的动物。在灾区，可以见到大量的死因不明的动物。不要以为这些动物还没有腐败就可以拿来吃，这样会有损健康。

一般来说，动物死亡有以下原因：

①淹死。淹死的动物体内早已进入了各种细菌，并在动物体内生长繁殖，产生毒素。

②毒死。被毒死的动物体内积蓄着毒物，人若食用，会引起

二次中毒。

③病死。病死的动物体内有病毒和病菌，人食用之后，也会引起各种疾病。

5）防鼠灭鼠：

①洪水期间鼠类集中在高地，局部密度很大，可用人力围打或下鼠夹和诱鼠笼。

②保护好食物和粮食，防止食物被鼠类污染。

③灭鼠药诱饵毒杀。灭鼠药种类较多，应按具体用药说明使用，或在专业人员指导下使用灭鼠药，使用时应防止人畜中毒。

④不要用手直接接触鼠类，死鼠应在远离水源的地方烧毁或深埋。

⑤灾后建住房时，墙壁和室内地面要建实，设法不让老鼠打洞。

6）防蚊灭蚊：

①蚊帐浸泡药物防蚊，夜间睡眠挂好蚊帐。

②露宿或夜间野外劳动时，暴露的皮肤应涂防蚊水或使用驱蚊药。

③清除房前屋后及室内的各种积水。

④对周围的水沟、污水坑投放杀虫药物，室内可用药物喷洒灭蚊。

安全妙语"谨"上添花：

洪水来袭心莫慌　　生活资料要储藏

逃生要往高处行　　灾后生活讲卫生

五、雷电应急避险

1. 雷电的概念

雷电是伴有闪电和雷鸣的一种令人生畏的放电现象。

（1）雷电一般产生于对流发展旺盛的积雨云中，因此，常伴有强烈的阵风和暴雨，有时还伴有冰雹和龙卷风。

（2）积雨云顶部一般较高，可达 20 km，云的上部常有冰晶。冰晶的凇附、水滴的破碎以及空气对流等过程，使云中产生电荷。

（3）云中电荷的分布较复杂，但总体而言，云的上部以正电荷为主，下部以负电荷为主。因此，云的上下部之间形成一个电位差。当电位差达到一定程度时，就会产生放电，这就是我们常见的闪电现象。

（4）闪电的平均电流是 3×10^4 A，最大电流可达 30×10^4 A。闪电的电压很高，约为 $1 \times 10^8 \sim 10 \times 10^8$ V。一个中等强度雷暴的功率可达 1×10^7 W，相当于一座小型核电站的输出功率。放电过程中，由于闪电通道中温度骤增，使空气体积急剧膨胀，从而产生冲击波，导致强烈的雷鸣。带有电荷的雷云与地面的突起物接近时，它们之间就发生激烈的放电。在雷电放电地点会出现强烈的闪光和爆炸的轰鸣声，这就是人们见到和听到的闪电雷鸣。

2. 雷电的危害

雷电对人体的伤害，有电流的直接作用、超压或动力作用以及高温作用。在人遭受雷击的一瞬间，电流迅速通过人体，重者可导致心跳、呼吸停止，脑组织缺氧而死亡。另外，雷击时产生的火花，也会造成不同程度的皮肤烧灼伤。雷电击伤，可使人体出现树枝状雷击纹，表皮剥脱，皮内出血，也能造成耳鼓膜或内脏破裂等。

我国是一个多自然灾害的国家，与地理位置有着不可分割的关系。雷电灾害在我国也有不少，最为严重的是广东省以南地区，东莞、深圳、惠州一带的雷电自然灾害已经达到世界之最，这也是因为大气层位置比较偏低造成的。

3. 雷电天气的预防措施

（1）雷电天气，尽量不要待在户外。如果从事户外工作应立即停止，尤其不要到河流湖泊边钓鱼、游泳、划船，要尽可能撤离到安全地带，但不要奔跑或快速骑行。

（2）遇雷电天气，如果正在室外，应保持情绪稳定。

1）应立即寻找庇护场所，如装有避雷针、钢架或钢盘的混凝土建筑物。

2）如果找不到合适的避雷场所，可双脚并拢蹲下，手放膝上，身体前屈，千万不要躺在地上、壕沟或土坑里。

3）披上雨衣，防雷效果更好。

4）不要待在山顶、楼顶等制高点上；不要在孤立的高大建筑物和大树下避雨。

5）不要携带金属物体露天行走，要远离铁栏铁桥等金属物体及电线杆，要小心绕开电线头以免触电。

6）最好不要骑马、骑自行车和摩托车。

7）雷雨天气出门最好穿胶鞋，可以起到绝缘作用。

8）在室外最好不要接听或拨打手机，因为手机天线有极佳的导电性，手机的电磁波也会引雷。

9）乘车遭遇打雷时，千万不要将头、手伸出窗外。

10）在野外的人群应拉开几米的距离，不要挤在一起。

（3）雷电期间，如果你正巧在家，若无特殊需要，不要冒险外出。

1）不要站在灯泡下，应将家用电器的电源切断，以免损坏电器。

2）不要看电视或使用电脑、电话、电吹风机。

3）不要收晒衣绳（尤其是铁丝）上的衣物。

4）不宜使用淋浴器，不要触摸金属管道。

（4）当你头发竖起或皮肤发生颤动时，预示将要发生雷击，应立即倒在地上。受到雷击的人可能被烧伤或严重休克，但身上并不带电，可以安全地加以处理。

4. 遭遇雷击应急救援

遭到雷击，许多人都曾逃过大难。但也有人遭雷击导致骨折、严重烧伤和其他外伤，甚至死亡。雷电对人体的主要危险往往不是灼伤，如雷电击中头部，并且通过躯体传到地面，会使人的神经和心脏麻痹，很可能致命。

人体受到雷电电流冲击后，心脏要么停止跳动，要么跳动速率极不规则，发生颤动，这两种情况都会使血液循环停止，造成脑神经损伤，使人在几分钟内死亡。但遭雷击后如果抢救及时且方法得当，还是有可能救活的。

有时即使感受不到受害者的呼吸和脉搏，也不一定意味着"死亡"，若能及时抢救，往往还能使"死者"恢复心跳和呼吸。如果伤者衣服着火，应马上让他躺下，使火焰不致烧及面部，不然，伤者可能死于缺氧或烧伤。

也可往伤者身上泼水，或者用厚外衣、毯子把伤者裹住以扑灭火焰。伤者切勿因惊慌而奔跑，这样会使火越烧越旺，应在地上翻滚或趴在有水的洼地、池中以扑灭火焰。之后，用冷水冷却伤处，然后盖上敷料。例如，将折好的清洁的手帕盖在伤口上，再用干净布块包扎。如果触电者已昏迷，应把他置于卧位，使他保持温暖、舒适，并立即施行触电急救，如人工呼吸、胸外心脏按压等。当然，最重要的是把伤者送到医院进行抢救。

安全妙语"谨"上添花：

雷击危害重	夏季要当心
防雷有技巧	方法要记牢

第三节　地质灾害应急避险

一、地震应急避险

1. 地震的概念

地震是一种常见的自然现象，是地球内部介质突然破裂、爆炸等产生的振动。

据统计，全世界每年发生地震大约 500 万次。其中，约有 5 万次会被人们感觉出来。一般情况下，5 级以上地震就能够造成破坏，平均每年发生 1 000 次左右；7 级以上强震平均每年发生 18 次左右；8 级以上大地震每年发生 1~2 次。

地震按照成因，可分为天然地震和人工地震两大类。构造地震、火山地震、塌陷地震和诱发地震等属于天然地震。由于人类活动引起的地面振动称为人工地震，如核爆炸、化学爆炸和机械振动等人类军事活动、生产活动引起的地面振动。

（1）构造地震。构造地震是由于地下岩层快速错动和破裂所造成的地震。此类地震约占全球地震总数的 90% 以上，对人类的危害最大。因此，我们要预防的主要是构造地震。

（2）火山地震。火山地震是由于火山爆发而引起的地震。火山地震约占地震总数的 7%。

（3）塌陷地震。塌陷地震是由于局部地层的突然塌陷，猛烈冲撞岩石层造成的地震。

（4）诱发地震。诱发地震是由于水库蓄水和油田注水等引起的地震。

2. 地震的危害

震区的人在感到大的晃动之前，有时首先感到上下跳动。这是因为地震波从地内向地面传来，纵波首先到达的缘故。横波接着产生大振幅的水平方向的晃动，是造成地震灾害的主要原因。1960 年智利大地震时，最大的晃动持续了 3 min。地震造成的灾害首先是破坏房屋和建筑物，如 1976 年中国河北唐山地震中，70%~80% 的建筑物倒塌，人员伤亡惨重。

地震对自然景观也有很大影响。最主要的后果是地面出现断层和地震裂缝。大地震的地表断层常绵延几十至几百千米，往往具有较明显的垂直错距和水平错距，能反映出震源处的构造变动特征。但并不是所有的地表断裂都直接与震源的运动相联系，它们也可能是由于地震波造成的次生影响。特别是地表沉积层较厚的地区，坡地边缘、河岸和道路两旁常出现地裂缝，这往往是由

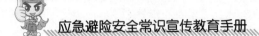

于地形因素，在一侧没有依托的条件下晃动使表土松垮和崩裂。

地震的晃动使表土下沉，浅层的地下水受挤压会沿地裂缝上升至地表，形成喷沙冒水现象。大地震能使局部地形改观，或隆起，或沉降。大地震还能使城乡道路坼裂、铁轨扭曲、桥梁折断。在现代化城市中，由于地下管道破裂和电缆被切断，造成停水、停电和通讯受阻。由于煤气、有毒气体和放射性物质泄漏，可导致火灾和毒物、放射性污染等次生灾害。在山区，地震还能引起山崩和滑坡，常造成掩埋村镇的惨剧。崩塌的山石堵塞江河，在上游形成地震湖。

3．地震的预防措施

（1）学习地震避震、防火灭火、自救互救知识，学会使用灭火器，掌握基本的医疗救护技能。

（2）制定家庭应急细则，确定家中安全地方，配备家庭应急包，配备一些必需的应急、救护物品。适当进行家庭避震演练。

（3）了解居家、学校和工作单位附近的疏散通道、避难场所。邻里之间多沟通联系，积极参加社区、街道组织的防震抗震应急演练。

（4）社区、街道居委会要建立起互助协作体制，防御应对地震、火灾等灾害。

（5）学习了解地震前兆知识。

（6）不要相信地震传言、谣言。

4．地震应急避险

（1）地震发生时的应急避险：

1）保护头颈部。低头，用手护住头部或后颈。有可能时，用身边的物品如书包、被褥、沙发垫等顶在头上。

2）保护眼睛。低头、闭眼，以防异物侵入。

3）保护口、鼻。有可能时，用湿毛巾捂住口、鼻，以防灰尘、毒气吸入。

4）保护身体。尽量蜷曲身体，使身体重心降低。同时，双手要牢牢抓住身边的牢固物体，以防摔倒或因身体失控移位，暴露在物体外而受伤。

5）遇到燃气泄漏时，用湿毛巾捂住口、鼻，千万不要使用明火，震后设法转移。

6）遇到火灾时，趴在地上，用湿毛巾捂住口、鼻。地震停止后向安全地方转移，要匍匐、逆风前行。

7）遇到毒气泄漏时，不要朝顺风方向跑，要绕到上风方向，并尽量用湿毛巾捂住口、鼻。应注意避开危险品生产工厂和危险品、易燃易爆品仓库。

（2）地震后的应急避险：

1）地震后被埋压的应急避险。如果震后不幸被废墟埋压，要尽量保持冷静，树立生存的信心，要相信一定会有人来救你。震后，余震还会不断发生，环境还可能进一步恶化，要尽量改善自己所处的环境，设法脱险。

①设法避开身体上方不结实的倒塌物、悬挂物或其他危险物。

②搬开身边可移动的碎砖瓦砾等杂物，扩大活动空间。注意搬不动时千万不要勉强，防止周围杂物进一步倒塌。

③设法用砖石、木棍支撑残垣断壁，以防余震时再被埋压。

④不要随便动用室内设施，包括电源、水源等，也不要使用明火。

⑤不要大哭大叫，当听到废墟外面有声音时，要不间断地敲击身边能发出声音的物品，如金属管道等，想尽一切办法与外面救援人员联系。

⑥闻到煤气及有毒异味或灰尘太大时，设法用湿衣物捂住口、鼻。

⑦无法脱险时，要保存体力，尽力寻找水和食物，创造生存条件，耐心等待救援。

2）地震脱险后的应急避险：

①首先是迅速救人，在专业人员指导下，积极参加互救活动。

②从危房中撤出时，应先灭掉明火，切断电源、火源和气源。尽快离开室外各种危险环境，不要回房取东西，谨防余震发生。

③尽快与家人或单位、学校取得联系，到指定的疏散地点去。

④不要听信谣言，不要轻举妄动。发生大地震时，人们在心理上易产生动摇。为防止混乱，每个人依据正确的信息冷静地采取行动极为重要。从携带的收音机中接收信息，把握正确的信息。相信从政府、救援、警察、消防等防灾机构直接得到的信息，决不轻信不负责任的流言蜚语，不要轻举妄动。

安全妙语"谨"上添花：

地震能量实在强　　破坏设施倒塌房
若被埋压不要急　　自救逃生心要细
树立信心数第一　　坚持不懈有奇迹

二、泥石流应急避险

1. 泥石流的概念

泥石流是指在山区或者其他沟谷深壑、地形险峻的地区，因为暴雨、暴雪或其他自然灾害引发的山体滑坡并携带有大量泥沙以及石块的特殊洪流。泥石流具有突然性以及流速快、流量大、物质容量大和破坏力强等特点。发生泥石流常常会冲毁公路、铁路等交通设施甚至村镇等，造成巨大损失。

2. 泥石流的危害

泥石流是一种自然灾害，是山区特有的一种自然地质现象。它的运动过程介于山崩、滑坡和洪水之间，是各种自然因素（地质、地貌、水文、气象等）、人为因素综合作用的结果。泥石流灾害的特点是规模大、危害严重，活动频繁、危及面广，且重复成灾。

一般情况下，泥石流的发生有三个条件：

（1）大量降雨。

（2）大量碎屑物质。

（3）山间或山前沟谷地形。

连续降暴雨或突降大暴雨，山区会发生山洪。如果山高坡陡谷深，乱石、沙土遍野，大量土石混入山洪之中，就形成黏稠浑浊的泥石流。泥石流经常突然暴发，来势凶猛，可携带巨大的石块，并以高速前进，具有强大的能量，因此破坏性极大。它不仅可以冲毁所经路程碰到的一切，还可掩埋乡镇农田，阻塞河流。

3. 泥石流的预防措施

（1）房屋不要建在沟口和沟道上。受自然条件限制，很多村庄建在山麓扇形地上。山麓扇形地是历史泥石流活动的见证，从长远的观点看，绝大多数沟谷都有发生泥石流的可能。因此，在村庄选址和规划建设过程中，房屋不能占据泄水沟道，也不宜离沟岸过近；已经占据沟道的房屋应迁移到安全地带。在沟道两侧修筑防护堤和营造防护林，可以避免或减轻因泥石流溢出沟槽而对两岸居民造成的伤害。

（2）不能把冲沟当作垃圾排放场。在冲沟中随意弃土、弃渣或堆放垃圾，将会给泥石流的发生提供固体物源，促进泥石流的活动；当弃土、弃渣量很大时，可能在沟谷中形成堆积坝，堆积坝溃决时必然发生泥石流。因此，在雨季到来之前，最好能主动清除沟道中的障碍物，保证沟道有良好的泄洪能力。

（3）保护和改善山区生态环境。泥石流的发生和活动程度与生态环境质量有密切关系。一般来说，生态环境好的区域，泥石流发生的频度低、影响范围小；生态环境差的区域，泥石流发生的频度高、危害范围大。提高小流域植被覆盖率，在村庄附近营造一定规模的防护林，不仅可以抑制泥石流形成、降低泥石流发生频率，而且即使发生泥石流，也多了一道保护生命财产安全的屏障。

（4）雨季不要在沟谷中长时间停留。雨天不要在沟谷中长时间停留；一旦听到上游传来异常声响，应迅速朝两岸上坡方向逃离。雨季穿越沟谷时，先要仔细观察，确认安全后再快速通过。山区降雨普遍具有局部性特点，沟谷下游是晴天，沟谷上游不一定也是晴天，"一山分四季，十里不同天"就是人民群众对山区气候变化无常的生动描述，即使在雨季的晴天，同样也要提防泥石流灾害。

（5）泥石流监测预警。监测流域的降雨过程和降雨量（或接收当地天气预报信息），根据经验判断降雨激发泥石流的可能性；监测沟岸滑坡活动情况和沟谷中松散土石堆积情况，分析滑坡堵河及引发溃决型泥石流的危险性，下游河水突然断流，可能是上游有滑坡堵河、溃决型泥石流即将发生的前兆；在泥石流形成区设置观测点，发现上游形成泥石流后，及时向下游发出预警信号。

4. 泥石流应急避险

泥石流以极快的速度发出巨大的声响并穿过狭窄的山谷，倾泻而下。它所到之处，墙倒屋塌，一切物体都会被厚重黏稠的泥石所覆盖。

山坡、斜坡的岩石或土体在重力作用下，失去原有稳定性而整体滑坡。遇到泥石流或山体滑坡灾害，采取脱险逃生的办法有：

（1）沿山谷徒步行走时，一旦遭遇大雨，发现山谷有异常声音或听到警报时，要立即向坚固的高地或泥石流的旁侧山坡跑去，不要在谷地停留。

（2）一定要设法从房屋里跑出来，到开阔地带，尽可能防止被埋压。

（3）发生泥石流后，要马上朝与泥石流成垂直方向一边的山坡上面爬，爬得越高越好，跑得越快越好，绝对不能朝泥石流的流动方向走。发生山体滑坡时，同样要朝垂直于滑坡的方向逃生。

（4）要选择平整的高地作为营地，尽可能避开有滚石和大量堆积物的山坡下面，不要在山谷和河沟底部扎营。

安全妙语"谨"上添花：

泥石流灾真可怕　　发生突然难预防
保护生态不破坏　　居住选址避开它

第二章

社会生活
安全应急避险

第一节　公共场所安全应急避险

一、踩踏事故应急避险

1. 踩踏事故的概念

踩踏事故一般是指在某一事件或某个活动过程中，因聚集在某处的人群过度拥挤，致使一部分甚至多数人因行走或站立不稳而跌倒未能及时爬起，被人踩在脚下或压在身下，短时间内无法及时控制、制止的混乱场面。

2. 踩踏事故的危害

纵观历史上发生的踩踏事件大多会造成严重的人员伤亡，轻则造成交通混乱，重则严重扰乱社会治安秩序，造成极坏的群众影响。

3. 踩踏事故的预防措施

在拥挤行进的人群中，如果前面有人摔倒，而后面不知情的人继续前行的话，那么人群中极易出现像"多米诺骨牌"一样连锁倒地的拥挤踩踏现象。专家分析认为，在人多拥挤的地方发生踩踏事故的原因有多种，一般来讲，当人群因恐慌、愤怒、兴奋而情绪激动失去理智时，危险往往容易产生。如果此时正好置身于这样的环境中，就非常有可能受到伤害。在一些现实的案例中，许多伤亡者都是刚刚意识到危险就被拥挤的人群踩在脚下。因此，如何判别危险，怎样离开危险境地，如何在险境中进行自我保护，就显得非常重要。

（1）举止文明。人多的时候不拥挤、不起哄、不制造紧张或恐慌气氛。

（2）尽量避免到拥挤的人群中去，不得已时，尽量走在人流的边缘。

（3）发觉拥挤的人群朝自己行走的方向靠过来时，应立即避到一旁，不要慌乱，不要奔跑，避免摔倒。

（4）顺着人流走，切不可逆着人流前进，否则很容易被人流推倒。

（5）假如陷入拥挤的人流，一定要先站稳，身体不要倾斜失去重心，即使鞋子被踩掉，也不要弯腰捡鞋子或系鞋带。有可能的话，可先尽快抓住坚固而可靠的东西慢慢走动或停住，待人群过去后再迅速离开现场。

（6）若自己不幸被人群拥倒，要设法靠近墙角，身体蜷成球状，双手紧扣于颈后，以保护身体最脆弱的部位。

（7）在人群中走动，遇到台阶或楼梯时，尽量抓住扶手，防止摔倒。

（8）在拥挤的人群中，要时刻保持警惕，当发现有人情绪不对或人群开始骚动时，就要做好保护自己和他人的准备。

（9）人群骚动时，要注意脚下，千万不能被绊倒，避免自己成为拥挤踩踏事件的诱发因素。

（10）当发现自己前面有人突然摔倒时，马上要停下脚步，同时大声呼救，告知后面的人不要向前靠近。

4. 踩踏事故应急避险

（1）拥挤踩踏事故发生后，一方面要赶快报警，等待救援；另一方面要抓紧时间用科学的方法开展自救和互救。

（2）救治中要遵循先救重伤者、老人、儿童及妇女的原则。

（3）当发现伤者呼吸、心跳停止时，要赶快做人工呼吸，辅

之以胸外心脏按压。

二、游乐设施事故应急避险

1．游乐设施事故的概念

游乐设施是指在特定区域内运行、承载游客游乐的载体，一般为机械、电气、液压等系统的组合体。同所有机电产品一样，游乐设施也可能发生故障，发生故障时会造成游客恐慌、受困以及其他危险事故。

2．游乐设施事故的危害

（1）高空坠落事故，指从高度基准面 2 m 以上（含 2 m）高处坠落所造成的人员伤亡及财产损失。

（2）撞击（落下物）事故，指人撞固定物体、运动物体撞人、互撞、落下物撞击、飞来物撞击等。

（3）倾覆事故，指设备倒塌所造成的人员伤亡及财产损失。

（4）触电事故，指由于人体直接接触电源，一定量的电流通过人体所造成的人员伤亡。

（5）接触（高温运动部件）事故，指人体接触到高温运动部件所造成的人员伤亡。

（6）火灾事故，指在时间和空间上失去控制的燃烧所造成的人员伤亡及财产损失。

3. 游乐设施事故的预防措施

游乐设施由多个系统组合而成，故障产生的原因很复杂，大多是由于维修保养不当或不及时造成的。因此，故障的预防重在加强日常的维护保养，并定期进行检验检测。

4. 游乐设施事故应急避险

（1）游玩过程中出现身体不适，感到难以承受时应及时大声提醒工作人员停机。

（2）出现非正常情况停机时，千万不要轻易乱动和自行解除安全装置，应保持镇静，听从工作人员指挥，等待救援。

（3）出现意外伤亡等紧急情况时，切忌恐慌、起哄、拥挤，应及时组织人员疏散。

安全妙语"谨"上添花：

游乐设施真刺激　　系统复杂故障多
乘坐务必加小心　　遇事冷静不要急

三、交通事故应急避险

1. 交通事故的概念

交通事故是指车辆在道路上因过错或者意外造成人身伤亡或者财产损失的事件。交通事故不仅是由于特定人员违反交通管理法规造成的，也可以是由于地震、台风、山洪、雷击等不可抗拒的自然灾害造成的。

2. 交通事故的危害

（1）无证驾驶的危害。会踩油门，会打方向盘，并不代表会开车。有的人或许通过家人、朋友学会了开车，甚至根本不会开车而驾车，在该避让的时候不避让，在该停车的时候不停车，就很容易引发交通事故，无证驾驶是极不负责的一种违法行为。

（2）酒后驾驶的危害。由于酒精对人的神经有麻醉作用，直接影响人的精神和心理状态，表现为饮酒后情绪不稳。当酒精在人体血液内达到一定浓度时，人对外界的反应能力及控制能力就会下降，预测空间状态的正确度降低，处理紧急情况的能力也随之下降。

（3）超速行驶的危害。超速行驶时，超车、会车的机会增多，行驶间距缩短，车外情况应接不暇，驾驶人的心理能量和生理能量消耗很多，容易感到疲劳，时间长了还会瞌睡，极易造成交通事故。

（4）疲劳驾驶的危害。疲劳驾驶是指驾驶员长时间连续行车后，产生生理机能和心理机能的失调，从而在客观上出现驾驶技能下降的现象，极易发生道路交通事故。

（5）不按车道行驶的危害。不按车道行驶的违章行为，主要体现在"抢道"和"逆行"两个方面。轻则造成交通拥堵，重则发生交通事故。

（6）违章停车的危害。现实生活中，我们经常看到为了个人方便而违章停车的现象，占道停车、逆向停车、随意停车随处可见，这也给交通安全留下了很多隐患。

3．交通事故的预防措施

（1）重视客观因素影响。由于道路、气象等原因，可能导致事故发生。

（2）车况要保持良好。车辆技术状况不良，尤其是制动系统、转向系统、前桥、后桥有故障，没有及时检查、维修，极易发生事故。

（3）切勿疏忽大意。当事人由于心理或者生理方面的原因，没有正确观察和判断外界事物而造成精力分散、反应迟钝，表现为观望不周、措施不及或者不当。还有的当事人依靠自己的主观想象判断事物或者过高估计自己的技术，过分自信，对前方和左右车辆、行人形态、道路情况等未判断清楚就盲目通行，易引发事故。

（4）避免操作失误。很多事故是由于驾驶车辆的人员技术不熟练，经验不足，缺乏安全行车常识，未掌握复杂道路行车的特点，遇有突发情况惊慌失措，发生操作错误而造成的。

（5）遵守交通法规。当事人由于不按交通法规和其他交通安全规定行车或者行走，致使交通事故发生。

4．交通事故应急避险

（1）行人交通事故应急避险。行人发生交通事故，多由闯红灯、不走人行横道、不注意观察、斜穿，或从车前车后突然猛跑、折返，造成车辆躲闪不及而引起。

1）行人与车辆发生交通事故后，在不能自行协商解决的情况下，应立即拨打"110"报警电话。

2）遇到肇事者驾车或弃车逃逸的情形，应记下肇事车辆号牌、车型、颜色等特征及其逃逸方向等有关情况，及时提供给交警。

3）受伤者如伤势较重，应求助周围群众报警并拦住肇事车辆。

4）行人应走人行道或靠边行走，并注意转弯和倒车的车辆。

5）行人横过道路时，应走人行横道、过街天桥、地下通道，不得翻越隔离护栏或绿化带。

6）过人行横道时，应先观察左侧来车，走到路中间时再看右侧来车，确认安全后再通过。

（2）非机动车交通事故应急避险。非机动车发生交通事故主要由违反交通信号指示、在机动车道内行驶、逆向行驶、违规带人而引起。

1）非机动车之间发生事故后，在无法自行协商解决的情况下，应迅速报警，并保护好事故现场。

2）非机动车与机动车发生事故后，应立即拨打"110"报警电话。遇到机动车逃逸的情形，应记下肇事车辆号牌、车型、颜色等特征及其逃逸方向等有关情况，及时提供给交警。

3）非机动车应在非机动车道上或靠道路右侧行驶。

4）非机动车不要抢行、逆行、突然猛拐，转弯前应减速慢行，伸手示意。

5）非机动车横过机动车道时应下车推行。

6）电动自行车骑行速度不得超过 15 km/h。

7）未满 12 周岁不得骑自行车上路，未满 16 周岁不得骑电动自行车上路。

8）成人骑自行车、电动自行车时，可带 1 名不满 12 周岁的儿童。

（3）乘车人交通事故应急避险。乘车人发生交通事故的主要原因是：乘坐小轿车不系安全带、乘坐二轮摩托车不戴安全头盔、开关车门时不注意避让过往车辆和行人、乘坐过度疲劳或饮酒后驾驶人驾驶的车辆。

1）乘坐任何车辆发现可疑物，应迅速通知司乘人员，并撤离到安全位置，切勿自行处置。

2）遇火灾事故，应迅速撤离着火车辆，不要围观。

3）乘坐货运机动车、农用运输车和拖拉机等载货汽车，应按核定载客数在驾驶室内乘坐，不要坐在货运车厢内。

4）乘车时不要将身体的任何部分伸出车外，不要向车外抛掷物品。

5）乘坐车辆时，发现驾驶人有酒后驾车、疲劳驾驶等违章行为，不要乘坐其驾驶的车辆，并及时制止其继续驾驶。

6）在乘坐公共汽车时，应在站台上排队候车，待车停稳后，先下后上。车辆行驶时，应坐好或站稳，并抓住扶手，防止紧急刹车时摔伤。

7）乘坐封闭空调公交车，遇意外事故车门不能打开时，应用车厢内配置的专用应急锤将密封玻璃击碎后逃生，切勿用手、脚和身体其他部位撞击，防止出现不必要的伤害。

8）不要乘坐超员车辆，乘坐过程中发现车辆超员应及时报警。

（4）机动车交通事故应急避险。机动车交通事故主要由超速行驶、逆向行驶、酒后驾驶、无证驾驶和未按照规定让行等引起。

1）发生交通事故后应立即停车，保护现场，开启危险报警闪光灯，并在来车方向 50~100 m 处设置警示标志。

2）发生未造成人身伤亡的交通事故时，当事人对事实无争议的，应记录交通事故的时间、地点、当事人的姓名和联系方式、机动车号牌、驾驶证号、保险凭证号、碰撞部位，共同签名后撤出现场，自行协商损害赔偿事宜。

3）车辆撞击失火时，驾驶人应立即熄火停车，切断油路、电源，让车内人员迅速离开车辆。

4）车辆翻车时，驾驶人应抓紧方向盘，两脚钩住踏板，随车体旋转。车内乘客应趴在座椅上，抓住车内固定物。

5）车辆落水时，若水较浅未全部淹没车辆，应设法从车门处逃生；若水较深，车门难以打开，可用锤子等铁器打开车门或车窗逃生。

6）车辆突然爆胎时，不可急刹车，应缓慢放松油门，降低速度，再慢慢向右侧路边停靠。

7）车辆在行进期间制动失效时，应不断踩踏制动板，拉起驻车制动器，观察周围情况，并不断按喇叭以警告其他车辆和行人，同时要迅速换到低速挡位，依靠发动机的负驱动力减速，并利用上坡使车辆慢慢停下来。

8）机动车行驶不要超过限速标志标明的最高时速。

9）不得无证驾驶或驾驶与准驾车型不符的车辆。

10）通过没有交通信号灯、交通标志或没有交警指挥的交叉路口时，应当减速慢行，并让行人和优先通行的车辆先行。

11）经常对制动、轮胎、灯光、转向、雨刷器等安全装置进行检查，不要驾驶安全设施不全或者机件不符合技术标准等存在安全隐患的机动车。

12）驾车时不要接听、拨打电话或观看电视。

四、火灾事故应急避险

1. 火灾的概念

火灾是指在时间和空间上失去控制的燃烧所造成的灾害。在

应急避险安全常识宣传教育手册

各种灾害中，火灾是最经常、最普遍威胁公众安全和社会发展的主要灾害之一。人类能够对火进行利用和控制，是文明进步的一个重要标志。所以说，人类使用火的历史与同火灾作斗争的历史是相伴相生的，人们在使用火的同时，不断总结火灾发生的规律，尽可能地减少火灾及其对人类造成的危害。

2．火灾事故的危害

在社会生活中，火灾是威胁公共安全、危害人们生命财产的灾害之一。

俗话说，"水火无情"。当今，火灾是世界各国人民所面临的一个共同的灾难性问题，它给人类社会造成过不少生命财产的严重损失。随着社会生产力的发展，社会财富日益增加，火灾损失上升及火灾危害范围扩大的总趋势是客观规律。

（1）火灾会造成惨重的直接财产损失。

（2）火灾造成的间接财产损失更为严重。现代社会各行各业密切联系，牵一发而动全身。一旦发生重、特大火灾，造成的间接财产损失之大，往往是直接财产损失的数十倍。

（3）火灾会造成大量的人员伤亡。

（4）火灾会破坏生态平衡。

（5）火灾会造成不良的社会政治影响。

由此可见，火灾的危害性是相当惨重的。

3．火灾事故的预防措施

广大群众应切实提高消防安全意识，采取有针对性的防范措施，有效防止火灾事故特别是群死群伤火灾事故的发生。

（1）严格按照有关法律法规和技术标准的规定，安装和使用质量合格的电气设备，规范敷设电气线路，确保电气设备和线路与可燃物保持安全距离；谨慎使用加热、取暖设施，不用时及时关闭电源。

（2）注意用气、用煤、用油安全，定期检查阀门和管道的密封情况，及时维修或更换破损器件，住宅内禁止存放燃油。

（3）选配一些适合家庭使用的灭火器、救生绳、强光手电、逃生面具等自防自救器材，及时扑救初起火灾，安全逃离火灾现场。

（4）建立多户联防机制，加强对未成年人、老年人和病残人员等群体的安全监护，开展防火检查尤其是夜间防火巡查，及时发现和扑救初起火灾，第一时间救助被困人员。

4．火灾事故应急避险

（1）火灾事故应急避险"三要"：

1）要熟悉自己住所的环境。

2）要遇事保持沉着冷静。

3）要警惕烟毒的侵害。

平时要多注意观察，做到对住所的楼梯、通道、大门、紧急疏散出口等了如指掌，对有无平台、天窗、临时避难层（间）等做到心中有数。

另外，要让全家人特别是孩子了解门锁结构，知道如何开关窗户。特别值得一提的是，一个被螺钉固定了的纱窗会使得窗户无法成为紧急出口。因此，门窗应确保容易开关。此外，还必须教会孩子，在紧急情况下，可用椅子或其他坚硬的物品砸碎窗户

玻璃。

如果自己所穿的衣裤着火，应该立即脱掉，或在地上打滚，将火熄灭。若有人惊慌而逃时衣裤带火，应将其摁倒在地打滚，直至火被熄灭。

（2）火灾事故应急避险"三救"：

1）选择逃生通道自救。

2）结绳下滑自救。

3）向外界求救。

发生火灾时，利用烟气不浓或大火尚未烧着的楼梯、疏散通道、敞开式楼梯逃生是最理想的选择。如果能顺利到达失火楼层以下，就算基本脱险了。

遇有过道或楼梯已经被大火或有毒烟雾封锁，应及时利用绳子（或者把窗帘、床单撕扯成较粗的长条结成长带子），将其一端牢牢地系在自来水管或暖气管等能负载体重的物体上，另一端从窗口下垂至地面或较低楼层的阳台处等。然后，自己沿着绳子下滑，逃离火场。

倘若自己被大火封锁在楼内，一切逃生之路都已切断，那么就得暂时退到房内，关闭通向火区的门窗。待在房间里，并不是消极地坐以待毙，可向门窗浇水，以减缓火势的蔓延；与此同时，通过窗口向下面呼喊、招手、打亮手电筒、抛掷物品等，发出求救信号，等待消防队员的救援。总之，不要因冲动而做出不利于逃生的事情。

（3）火灾事故应急避险"三不"：

1）不乘坐普通电梯。

2）不轻易跳楼。

3）不贪恋财物。

发现火灾后，人们为了阻止大火沿电气线路蔓延开来，都会拉闸停电。有时候，大火会将电线烧断。如果乘坐普通电梯逃生，遇上停电可就麻烦了，既上不去，又下不来，无异于将自己困在"囚笼"里，其危险后果可想而知。这里特别需要指出的是，按照防火要求安装的消防电梯除外，因为它有单独的电源控制和其他安全设备，可用于人员的疏散。

跳楼求生的风险极大，弄不好不是死就是伤。即使在万般无奈之际出此下策，也要讲究方法。首先，应该朝楼下抛掷棉被或床垫，以便身体着落时不直接与硬的水泥或者石头路面相撞，减少受伤的可能性；其次，双手抓住窗沿，身体下垂，双脚落地跳下，缩小与地面的落差。

火灾来势极快，10 min 后便可进入猛烈的阶段。据有关资料记载，当火灾达到猛烈的阶段时，烟气的水平扩散速度为 0.5~0.8 m/s，烟气的竖向垂直扩散速度就更快了，可以达到 3.4 m/s，并且常常伴有"爆燃"和建筑物坍塌等紧急情况的发生。因此，消防专家警告，遇上火灾时必须迅速疏散逃生，千万不要为穿衣或寻找贵重物品而浪费时间，因为任何珍宝都比不上生命珍贵。更不要已经逃离火场后，为了财物而重返火口，到头来只能是人财两空，自取灭亡。

安全妙语"谨"上添花：

火灾肆虐最无情　　加以重视少发生
现场逃生有技巧　　平时就应多练兵

第二节　突发环境事件安全应急避险

一、危险化学品事故应急避险

1．危险化学品的概念

危险化学品是指具有毒害、腐蚀、爆炸、燃烧、助燃等性质，对人体、设施、环境具有危害的剧毒化学品和其他化学品。

（1）具有爆炸、易燃、毒害、腐蚀、放射性等性质。

（2）在生产、运输、使用、储存和回收过程中易造成人员伤亡和财产损毁。

（3）需要特别防护。

一般认为，只要同时满足了以上三个特征，即为危险品。如果此类危险品为化学品，那么就是危险化学品。

2．危险化学品的危害

（1）危险的多重性和复杂性。由于物质本身是复杂多变的，其危险性是由多种因素决定的，所以一种危险化学品的危险性可能是多种多样的。例如有易燃性、易爆性、氧化性，还可能兼有毒害性、放射性和腐蚀性等。一种物质不会只有一种危险性，如磷化锌既有遇水放出易燃气体的性质，又有相当强的毒害性；硝酸既有强烈的腐蚀性，又有很强的氧化性。

（2）爆炸品的危险性：

1）易爆性。爆炸品在受到环境的加热、撞击、摩擦或电火花等外能作用时发生的猛烈爆炸会造成人员伤亡、厂房倒塌、设备损坏，损失惨重。

2）自燃危险性。有些爆炸品在一定的温度下，可不受火源的作用而自行着火或爆炸。例如双基火药长时间堆放在一起，由于火药缓慢热分解放出的热量及 NO_2 气体不能及时散发出去，当积热达到自燃点时便会自行着火或爆炸。对于这类火药，在储存和运输过程中要特别注意安全问题。

3）静电危险性。炸药是电的不良导体，在生产、包装、运输和使用过程中，经常与容器或其他介质摩擦而产生静电荷。在没有采取有效导除静电措施时，会使静电荷集聚起来，当静电荷集聚到一定的电位值时会产生电火花，从而引起着火、爆炸事故。

4）毒害性。有些炸药如苦味酸、梯恩梯、硝酸甘油、雷汞、叠氮化铅等，本身都有一定的毒性，人体接触时会产生毒害作用。

（3）易燃危险性。许多危险化学品都具有易燃性，如易燃气体、易燃液体、易燃固体。有些毒害物品也具有易燃危险性，当它们所处环境具备燃烧条件时，就会发生火灾。

（4）毒害危险性。毒性物质具有严重的毒害性，人体接触时会发生中毒事故。当发生泄漏时，会对环境造成污染。

（5）放射性危险。放射性物质具有严重的放射性，当人体接触时，可造成外照射或内照射，产生电离辐射作用而引起急性或慢性放射性疾病。若发生泄漏，可导致放射性污染事故的发生。

（6）腐蚀性危险。腐蚀性物质无论是酸性物质还是碱性物质，或其他腐蚀品都具有严重的腐蚀性，人体接触后，可造成化学灼伤，有的还能引起中毒。甲醛等还具有致癌性。

3．危险化学品事故的预防措施

（1）替代。选用无毒或低毒的化学品替代有毒有害化学品，选用可燃化学品替代易燃化学品。

（2）变更工艺。采用新技术，改变原料配方，消除或降低化学品危害。

（3）隔离。将生产设备封闭起来，或设置屏障，避免作业人员直接暴露于有害环境中。

（4）通风。借助有效的通风，使作业场所空气中的有害气体、蒸气或粉尘的浓度降低。通风分为局部排风和全面通风两种，局部排风适用于点式扩散源，将污染源置于通风罩控制范围内；全面通风适用于面式扩散源，通过提供新鲜空气，将污染物分散稀释。

（5）个体防护。个体防护只能作为一种辅助性措施，是一道阻止有害物质进入人体的屏障。防护用品主要有呼吸防护器具、头部防护器具、眼部防护器具、身体防护器具、手足防护用品等。

（6）卫生。卫生包括保持作业场所清洁和作业人员个人卫生两个方面。经常清洗作业场所，对废物、溢出物及时处置；作业人员养成良好的卫生习惯，防止有害物质附着在皮肤上。

4．危险化学品事故应急避险

（1）接警。接警时应明确发生事故的单位名称和地址、危险化学品种类、事故简要情况、人员伤亡情况等。

（2）隔离事故现场，建立警戒区。事故发生后，启动应急预案，根据化学品泄漏的扩散情况、火焰辐射热、爆炸所涉及的范围建立警戒区，并在通往事故现场的主要干道上实行交通管制。

（3）人员疏散，包括撤离和就地保护两种。撤离是指把所有可能受到威胁的人员从危险区域转移到安全区域。在有足够的时间向群众报警、进行准备的情况下，撤离是最佳保护措施。一般是从上风侧离开，必须有组织、有秩序地进行。

（4）工程抢险，以控制泄漏源、防止次生灾害发生为处置原则。应急救援人员应佩戴个体防护器材进入泄漏现场，实时监测空气中有毒物质的浓度，及时调整隔离区的范围，转移受伤人员，控制泄漏源，采取堵漏、回收、中和或稀释等措施处理泄漏物质。

（5）医疗救护。应急救援人员必须佩戴防护器材迅速进入现场，沿逆风方向将患者转移至空气新鲜处，根据受伤情况进行现场急救，并视实际情况迅速将受伤、中毒人员送往指定医院救治，组织有可能受到危险化学品伤害的周边群众进行体检。

（6）积极宣传。向周边居民宣传有毒化学品的危害信息和应急救援措施。

（7）防火防爆。对于易燃易爆物质的泄漏，要严格控制非防爆电气设备、工具等易产生火花器具的使用，及时驱散和稀释泄漏物，防止形成爆炸性混合物，引发次生灾害。

二、核辐射事故应急避险

1. 核辐射的概念

核辐射，通常称之为放射性，存在于所有物质之中，这是亿万年来存在的客观事实，是正常现象。核辐射是原子核从一种结构或一种能量状态转变为另一种结构或另一种能量状态过程中所释放出来的微观粒子流。核辐射可以使物质电离或激发，故称为电离辐射。电离辐射分为直接致电离辐射和间接致电离辐射两种。直接致电离辐射包括质子等带电粒子，间接致电离辐射包括光子、中子等不带电粒子。

2. 核辐射的危害

核泄漏对人员的影响表现为核辐射，也叫作放射性物质。放射性物质可通过呼吸吸入或皮肤伤口及消化道吸收进入体内，引起内辐射。γ辐射可穿透一定距离被人体吸收，使人员受到外照射伤害。

内外照射形成放射病的症状有：疲劳、头昏、失眠、皮肤发红、溃疡、出血、脱发、白血病、呕吐、腹泻等。有时还会增加癌症、畸变、遗传性病变发生率，影响几代人的健康。一般来讲，身体接收的辐射能量越多，其放射病症状越严重，致癌、致畸风险越大。

轻度损伤能引起轻度急性放射病，如乏力、不适、食欲减退等。

中度损伤能引起中度急性放射病，如头昏、乏力、恶心、呕吐、白细胞数下降等。

重度损伤能引起重度急性放射病，虽经治疗，但受照者有50%可能在30天内死亡，其余50%能恢复。表现为多次呕吐，可有腹泻，白细胞数明显下降。

极重度损伤能引起极重度放射性病，死亡率很高。多次吐、泻，休克，白细胞数急剧下降。核事故和原子弹爆炸的核辐射都会造成人员立即死亡或重度损伤，还会引发癌症、不育、怪胎等。

3．核辐射事故的预防措施

（1）一旦核反应堆的安全壳出现破损，就要尽量把释放的污染物控制在厂区内，同时控制地下水水源和土壤。避免放射性物质和灰尘碰在一起，否则将会随着流动的空气扩散。

（2）核电站平时也会给周围居民发放应急物品，如碘制剂，一旦发生核泄漏就服用。

（3）尽量避免外出，留在室内密闭空间。如果一定要出门，就用湿毛巾捂住口、鼻，并尽量减少裸露的皮肤和空气接触。

（4）如果核电站发生泄漏，附近居民首先应该撤离，距离防护是第一位的。

4．核辐射事故应急避险

（1）根据事故阶段和照射途径采取适当的防护措施。一般将核事故分为三个阶段：

1）早期阶段。由出现明显的放射性物质释放的先兆（即开始认识到可能出现场外后果）到释放开始以后最初几个小时的这段时间。

2）中期阶段。从放射性开始释放后的最初几个小时起一直延续几天到几个星期的这段时间。一般来说，本阶段开始时，大部分释放已经发生，而且大部分放射性物质可能已沉积于地面，除非释放的全是惰性气体。

3）晚期阶段。也称恢复期，自事故中期之后延续几周到几年的这段时间。

当有大量的放射性物质释放时，应根据事故不同阶段可能的照射途径采取相应的防护措施。

（2）隐蔽。隐蔽是让人们停留在房屋内，关闭门窗，关闭通风系统，再采取简易必要的个人防护措施。隐蔽对于防护放射性烟羽和地面沉积外照射非常有效，对减少吸入产生的内照射也有一定的效用。

隐蔽也是场外应急状态下首先要采取的措施。

（3）服用稳定性碘片。服用稳定性碘片，可以阻断人体对放射性碘131的吸收，其原理是让稳定性碘在甲状腺中呈饱和状态，则放射性碘就不能为甲状腺所吸收，从而排出体外。在吸入放射性碘前6 h之内或吸入放射性碘的同时服药，防护效果在90%以上；吸入放射性碘6 h后服药，只有50%的效果；12 h以后服药已经无效。服用量以成人在最初24 h服用一片（相当于100 mg碘当量），一天后服用半片（相当于50 mg碘当量），连续服用7~10天，总量不超过1 g为准。儿童减半，婴儿再减半。

（4）食物和饮水控制。对放射性污染的食物和水进行控制，叫作食物和饮水控制。

对污染的食物和水进行控制是事故中后期（特别是后期）针

对食入照射途径采取的防护措施，以控制或减少污染的食物和水产生的内照射剂量。

在事故发生情况下，有关部门将安排对可疑区环境中的各种食物及饮用水进行采样和测量分析，一旦发现超过应急控制标准就立即进行食物和饮用水控制。此时，公众对控制区范围内的食物和饮用水应该采取不采收、不食用、不销售、不运输的措施。

（5）出入通道的管制。这是在核事故场外应急时必须采取的应急措施，主要是控制人员、车辆、船只进出受事故影响的地区，以防止或减少污染扩散。

（6）撤离。根据气象条件，当估算和测量到某区域范围内的公众受到外照射剂量可能超过应急控制标准，可以组织公众暂时撤离该地区，避免或减少烟羽外照射、地面沉积外照射和吸入内照射给公众带来的严重危害。

（7）去污。放射性去污是指采取各种手段从被污染的表面去除放射性污染物的过程，以减少对人员的照射剂量，并使污染地区可以使用。

核事故场外应急时，采取什么样的防护措施，是由事故早中晚期核电厂释放的放射性物质对公众的不同照射途径决定的。

（8）发布应急信息命令。核电厂事故进入场外应急阶段后，有关部门将各种命令和信息及时传达给公众，以便各有关专业组采取相应的应急措施，并使核电厂周围群众了解事故情况，做好应急准备。目前采取的方法有：

1）通过行政系统逐级发布应急命令。核电厂事故进入厂区应急阶段后，各级应急组织的大部分工作都已启动。在场外应急状态下，全体应急组织启动工作（包括行政村），应急命令可以通过

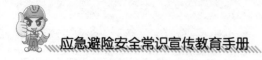

专用电话和会议逐级传达给广大公众。

2）电视播放。核电厂事故场外应急时，一般信息和命令、核应急知识、需要公众采取什么行动，将通过当地的电视台播出。此时，核电厂周围群众不管是白天还是黑夜，都应通过电视连续接收信息和命令。

3）电台广播。核事故发生时，利用应急计划区内的县级有线广播系统或无线广播，及时播放应急知识和信息。届时，公众进入室内打开收音机或有线广播即可收听。

安全妙语"谨"上添花：

辐射事故很可怕　　涉及人多范围大
及时远离是首选　　返回家园遵计划

第三节　生活安全应急避险

一、盗抢应急避险

1．盗窃应急避险

（1）盗窃。盗窃是指以非法占有为目的，秘密窃取他人占有的数额较大的公私财物或者多次窃取公私财物的行为。

（2）防范盗窃发生的措施：

1）邻里之间团结和睦、相互照应是加强防范的最好办法。当遇到陌生人在住所附近徘徊时，一定要多加小心，必要时进行监视、盘查或拨打"110"报警电话。爱护公共防盗设施，出入公共防盗门要随手关门，不要将公共防盗门的钥匙借给朋友，不随便为不认识的人开启防盗门。

2）门窗加固对预防盗窃很重要，安装防盗门一定要选择质量好、安全系数高、信誉好的产品，避免"防盗门窗"不防盗的现象发生。

3）出门入睡前，不要忘检查。家中的门窗、排气口、空调口要经常检查，损坏要及时更换，出入家门随手关、锁门。不要把钥匙交给小孩。特别是外出和临睡前，要仔细检查门窗有无松动的情况，对临街和较为偏僻的门窗适当进行加固，楼房住户将门窗关闭（厨房、厕所、阳台为重点部位）。

4）有钱存银行，密码记心上。家里不要存放大量的现金、存单，存折的账号、密码要记在心上或其他秘密的本子上，不要同身份证、户口簿等放在一起。

5）物品做标记，被盗也不怕。如果在贵重物品上做特定且不易磨去的标记，不法分子就不易销赃了，起到了保护自己财产的作用。

6）学摆迷魂阵，巧施空城计。晚上全家短时间外出时，最好点上一盏灯，或打开收音机；全家长时间外出时，要在阳台上晒一些衣物，使不法分子难以判断家中是否有人，因而不敢贸然下手。

（3）被盗应急避险。发现有窃贼，请勿惊慌乱。一旦发现或发生被盗现象，不要惊慌，更不要轻易翻动现场，要迅速报警。

2．抢劫应急避险

（1）抢劫。行为人对公私财物的所有人、保管人、看护人或者持有人当场使用暴力、胁迫或者其他方法，迫使其立即交出财物或者立即将财物抢走的行为。

（2）防范抢劫发生的措施：

1）进门之前回头望，防止生人在尾随。当你在上下楼之间、楼梯口或院子门口遇到生人时要留心，发现生人要警惕，特别是进家门时勿与陌生人同进楼，必要时问其找谁，防止对方突然袭击。

2）遇见陌生人，问清再开门。老人、小孩、女性独自在家时，对陌生人以查水电气、房屋修缮、电器维修、借用物品、推销产品等理由叫门时，不要随意开门让其进入。

3）多一分防心，少一分祸星。平时不要随便将不明底细的人往家里带。自己的住处、具体工作单位、电话号码等不要随便告诉陌生人。

4）发现可疑速报告，沉着应对保安全。发现可疑对象，设法报警或扭送派出所。对老人、小孩来讲，在不能确保自己的呼叫能够得到邻里的协助时，切忌盲目呼叫，以免遇害。

（3）被抢应急避险：

1）在人员聚集地区遭到抢劫，被害人应大声呼救，震慑犯罪分子，同时尽快报警。

2）在僻静地方或无力抵抗的情况下，应放弃财物，保全人身；待处于安全状态时，尽快报警。

3）尽量记住歹徒人数、体貌特征、口音、所持凶器、逃跑车辆号牌及逃跑方向等情况，同时尽量留住现场见证人。

安全妙语"谨"上添花：

随手关门防盗贼　　门窗关严贼不来

大量现金存银行　　财物细软谨慎藏

进出警惕陌生人　　发生异状把身防

二、非法侵害应急避险

1．绑架应急避险

（1）绑架。绑架是指以勒索财物为目的，使用暴力、胁迫或麻醉等方法，劫持、要挟人质或他人的犯罪行为。这种犯罪行为侵害的对象不限于富家子弟或少年儿童，成人、女性被绑架事件也时有发生。

（2）防范绑架发生的措施：

1）与可疑陌生人保持距离。当陌生人问路时，不要上车带路。

2）带小孩上街或外出旅游时，不要让其脱离自己的监护范围。

（3）被绑架应急避险：

1）被绑架时，人质应保持冷静，设法了解自己的位置。若被蒙住双眼，可通过计数的方法，估算车辆行驶的时间和路程距离，记住转弯的次数和大致的方向，尽量用耳朵听取沿途的声音变化和被扣押场所周围传来的各种声音（如音乐、工地噪声等），并记住这些情况。

2）千万不要与绑匪发生争执，以免激怒绑匪。若绑匪问家中电话、地址，须据实相告，让家人及警方知情后实施营救。

3）在确保自身不会受到更大伤害的情况下，尽可能与绑匪巧妙周旋。例如设法利用绑匪同意让人质与亲属通话的时机，巧妙地将自己所处的位置、现状、绑匪等情况告知亲属。

4）记住绑匪的容貌和特征、使用的车型、车牌号码及绑匪的对话内容。

5）采取自救措施时，要抓住任何可逃生的机会，如借机要求方便等，在确保安全的情况下，乘机逃到附近人多的地方或其他安全地方。逃脱后要立即报警，向警方提供绑匪有关情况。

6）案发后，人质亲属应立即以隐蔽的方式向警方报案，提供人质的年龄、体貌特征、生活习惯、活动规律、手机号码、随身物品、近期照片以及绑匪使用的电话号码等，还有案发前后的有关反常情况，如可疑的人、可疑电话及可疑车辆等，案发后绑匪要求人质亲属做什么，如什么时间联系、在什么地点以何种方式交接赎金等。

7）人质亲属应积极与警方合作，在警方的提示下与绑匪保持联系，并根据警方制订的解救方案，协助警方解救人质，切记不要自作主张。

2．恐怖袭击应急避险

（1）恐怖袭击。恐怖袭击是指针对公众或特定目标，通过使用极端暴力手段（如暴力劫持，自杀式爆炸，汽车爆炸，施放毒气或投放危险性、放射性物质），造成人员伤亡或重大财产损失，危害公共安全，制造社会恐慌的行为。

（2）恐怖袭击应急避险：

1）发生恐怖袭击事件时，要迅速撤离到安全区域，同时拨打报警求助电话，等待救援人员救助。

2）地铁、轻轨等人员聚集场所发生恐怖袭击事件时，应迅速从危险区域脱身，服从救援人员指挥或按照疏散标志有序疏散。暂时无法快速疏散的，应寻找相对安全地点暂避，同时利用一切方法迅速报警求助。

3）遇倒塌、烟火或刺激性气体时，应根据具体情况，采取用衣物捂住口、鼻，遮盖裸露的皮肤，匍匐前进等自救手段迅速撤离。

4）在撤离危险区域时，应尽量向明亮、空旷和上风方向区域疏散。在建筑物中疏散时，要选择楼梯通道，不要乘坐电梯，疏散中切忌拥堵，保持有序撤离。

5）在公共场所遇不明可疑物品，不要擅动，应报警后由专业人员处理。

6）吸入有毒气体或沾上不明物质后，应及时接受专业人员诊察，确保安全后方可离开。

7）不要围观专业人员处置可疑物品，服从工作人员疏导，避免再次发生危险。

三、传染病应急避险

1. 流行性感冒（以下简称流感）

流感病毒可通过唾液飞沫、鼻涕、痰液在空气中传播。流感传染性强，发病快，症状重。北方地区一般在冬春季流行。与普通感冒相比，流感病人多表现为高烧38℃以上，浑身酸痛、头痛明显，而咳嗽、流鼻涕则较轻。流感对老年人、儿童、孕妇和体弱多病者危害极大，严重者可导致死亡。

（1）流感的预防措施：

1）平时要注意保持室内通风，即使在冬季，每天也要开窗通风三次以上，每次至少10~15 min。家用空调在每年使用前要清洗空气过滤网，确保换气清洁。

2）不要随地吐痰，打喷嚏或咳嗽时要用纸巾捂住口、鼻。

3）合理安排作息时间，生活有规律，保证充足睡眠，避免过度劳累导致抵抗力下降，从而增加患病机会。

4）流感流行时，应尽量少去商场、影剧院等人员密集的公共场所；必须出门时，要戴口罩。

5）每年9月、11月接种流感疫苗，是预防流感的最好方法。

（2）流感的应急方法：

1）有流感症状时，要及时去医院治疗，切勿带病上班或上课，以免传染给他人。

2）流感病人要注意多休息、多喝水。

3）流感病人应与家人分开吃住。

4）流感病人的擤鼻涕纸和吐痰纸要包好，扔进加盖的垃圾桶，或直接扔进抽水马桶用水冲走。

2．病毒性肝炎

病毒性肝炎是由肝炎病毒引起的一种传染病，主要分为甲、乙、丙、丁、戊五种类型，甲型和乙型肝炎最多见。甲型、戊型肝炎一般通过饮食传播。毛蚶、泥蚶、牡蛎、螃蟹等均可传播甲肝。乙型、丙型和丁型肝炎主要经血液、母婴和性传播。部分慢性乙型肝炎病人还可能发展为肝硬化或肝癌。

病毒性肝炎的主要症状是身体疲乏、食欲减退、恶心、腹胀，部分病人出现皮肤和白眼球发黄等症状。

（1）病毒性肝炎的预防措施：

1）养成用流动水勤洗手的好习惯。

2）生熟食物要分开放置和储存，避免熟食受到污染。

3）食用毛蚶、牡蛎、螃蟹等水产品，须加工至熟透再吃。

4）生吃瓜果蔬菜要洗净。

5）预防甲型和乙型肝炎的最好方法是接种疫苗。

（2）病毒性肝炎的应急方法：

1）出现上述症状时，应立即到医院就诊，并根据病情需要进行隔离。

2）对肝炎病人用过的餐具进行消毒，在开水中煮 15 min 以上。不要与肝炎病人共用生活用品，对其接触过的公共物品和生活物品要在疾病预防控制人员的指导下进行消毒。如果与肝炎病人共用一个厕所，要用漂白粉消毒便池。

3）不要与乙型、丙型和丁型肝炎病人或病毒携带者共用剃刀、牙具；与乙肝病人发生性关系时，要使用安全套或提前接种乙肝疫苗。

4）食品加工和销售、水源管理、托幼保教等工作岗位，不得聘用肝炎病人或病毒携带者。

3. 流行性出血性结膜炎

流行性出血性结膜炎也称红眼病，是由病毒引起的传染性很强的眼病。主要症状是眼部充血肿胀（红眼）、眼痛、有异物感、眼屎多。主要通过接触被病人眼屎或泪水污染的物品（毛巾、手帕、脸盆、水等）而传染，夏秋季容易流行。

（1）红眼病的预防措施：

1）为预防红眼病，流行期外出时应随身携带消毒纸巾。不用他人的毛巾擦手、擦脸。回家、回单位时，应使用流动水洗手、洗脸。

2）养成不用脏手揉眼睛的习惯。

3）尽量不去卫生状况不好的美容美发店、游泳池，防止被传染红眼病。

4）滴眼药水预防效果不确切，不要用于集体预防。

（2）红眼病的应急方法：

1）患上红眼病应及时到医院治疗。病人所有生活用具应单独使用，最好是洗净晒干后再用。

2）病人使用的毛巾，要用蒸煮 15 min 的方法进行消毒。

3）病人尽量不要去人群聚集的商场、游泳池、公共浴池、工作单位等公共场所，以免传染他人。

4）病人应少看电视，防止引起眼睛疲劳而加重病情。

4. 狂犬病

人被带有狂犬病病毒的狗和猫咬伤、抓伤后，会引起狂犬病，一旦发病，无法救治，几乎100%死亡。狂犬病的典型症状是发烧、头痛、怕水、怕风、四肢抽筋等。

（1）狂犬病的预防措施：

1）养犬人有义务按照规定为犬接种疫苗。

2）发现宠物出现没有精神、喜卧暗处、唾液增多、行走摇晃、攻击人畜、怕水等症状，要立即送往附近的动物医院或乡镇兽医站诊断。

3）人被犬攻击并咬伤，应立即向当地公安部门报告。

（2）狂犬病的应急方法：

1）被宠物咬伤、抓伤后，首先要挤出污血，用肥皂水反复冲洗伤口，然后用清水冲洗干净。冲洗伤口至少 20 min。最后涂擦浓度 75% 的酒精或者 2%~5% 的碘酒。只要未大量出血，切记不要包扎伤口。

2）尽快到市、县（区）疾病预防控制中心或各乡镇卫生院防保组的狂犬病免疫预防门诊接种狂犬病疫苗。第一次注射狂犬病疫苗的最佳时间是被咬伤后的 24 h 内。

3）如果一处或多处皮肤被咬穿，伤口被犬的唾液所污染，必须立刻注射疫苗和抗狂犬病血清。

4）将攻击人的宠物暂时单独隔离，尽快带到附近的动物医院诊断，并向动物防疫部门报告。

5．鼠疫

鼠疫是由鼠疫杆菌引起的烈性传染病，与鼠疫病人接触和被鼠蚤叮咬可以传播，与鼠、旱獭等携带鼠疫杆菌的动物接触也可以传播。

（1）鼠疫的预防措施：

1）外出、旅游前要先了解目的地是否为鼠疫疫区。

2）鼠疫病人或疑似鼠疫病人要立即隔离治疗。

3）如果接触过鼠疫病人，在鼠疫疫区接触过死鼠、死獭，要立即向所在地疾病预防控制中心报告。

4）对鼠疫病人接触过的物品、住过的房间，要由疾病预防控制部门的专业人员进行消毒。

5）严禁进入疫区。如必须进入疫区，要先向专业人员咨询具体的防护措施。

（2）鼠疫的应急方法：

1）鼠疫病人要服从医务人员的治疗，接受隔离保护措施。

2）配合医务人员进行流行病学调查。

3）配合统一的灭鼠、灭蚤行动。

6．霍乱

霍乱是由霍乱弧菌引起的急性肠道传染病。主要是饮用或食用被霍乱弧菌污染的水和食物而感染。霍乱起病突然，多从剧烈腹泻开始，然后是呕吐，每日大便多达十几次，水样便，不发烧，多无腹痛。

（1）霍乱的预防措施：

1）霍乱病人及其密切接触者要在医院接受隔离治疗和观察。

2）不吃无照食品店和路边小吃摊上的食品。

3）生熟食品要分开加工、存放。

4）不吃变质的食物，不吃生的或半生不熟的水产品。

5）要勤洗手，养成不喝生水的好习惯。

（2）霍乱的应急方法：

1）一旦出现类似霍乱的症状，应立即到附近医院的肠道门诊就医。

2）要向医生如实提供最近就餐的地点、食物的种类和一同就餐的人员等情况。

3）积极配合疾病预防控制部门对霍乱病人使用过的餐具、接触过的生活物品等进行消毒。

7. 流行性出血热

流行性出血热主要通过鼠类传染。病毒可通过破损皮肤、被病毒污染的空气和食品进入人体使人患病。早期症状是发热、"三痛"（头痛、腰痛、眼眶痛）、"三红"（颜面、颈、上胸部泛红），多数病人出现蛋白尿。目前，对该病没有特效的治疗方法，但是有特效的疫苗预防办法。

（1）流行性出血热的预防措施：

1）死老鼠要深埋或焚烧，接触死老鼠时应戴手套或使用器具。

2）家中食物要防止被老鼠啃食。

3）野外作业时要注意灭鼠。

4）到疾病预防控制部门接种流行性出血热疫苗。

（2）流行性出血热的应急方法：

1）出现上述症状时，要立即到医院就诊。

2）对病人的尿液及其接触过的物品进行消毒。衣物、被褥用开水浸泡后洗净晒干即可，尿具和排泄物用漂白粉或来苏水消毒。

3）陪护人员接触病人的尿液后，可用酒精消毒或肥皂水洗手。

8. 肺结核

肺结核主要通过病人咳嗽、打喷嚏或大声说话时喷出的飞沫传播给他人。主要症状有咳嗽、咳痰、痰中带血、低烧、夜间盗汗、疲乏无力、体重减轻等，严重病人可出现肺空洞或并发大出血。

（1）肺结核的预防措施：

1）出生时没有及时接种卡介苗（抗结核疫苗）的孩子，在1岁以内到当地结核病防治专业机构补种。出生时已接种卡介苗的孩子，在接种满3个月时，也要到当地结核病防治专业机构复查。

2）肺结核病人接受正规药物治疗2~3个星期后，一般就没有传染性了。痰中没有查出结核杆菌的肺结核病人，可以参加正常的社会活动。

3）要养成良好的卫生习惯，如不随地吐痰、保持人口密集场所的通风和环境卫生、锻炼身体增强体质等，预防肺结核的发生。

（2）肺结核的应急方法：

1）连续咳嗽、咳痰3周以上或痰中带血，应该怀疑得了肺结核，要立即到当地结核病防治专业机构就诊。

2）与肺结核病人密切接触者，要及时到当地结核病防治专业机构进行检查，尽可能做到早期发现、早期治疗，减少结核菌的传播。

3）肺结核病人应在医生的直接观察下坚持服药，至少连续服药6个月以上，直到完全治好，不能间断。

4）肺结核病人应该注意补充营养，禁止吸烟、饮酒。

5）肺结核大量咯血时不要慌张，尽量将血痰咯出，不要强咽血液，以免反呛入气道引起窒息。立即拨打"120"，送医院抢救。

9. 艾滋病

艾滋病是由艾滋病病毒引起的，这种病毒破坏人的免疫系统，使人体丧失抵抗力，从而发生多种感染和肿瘤，最终死亡。病毒可通过性、血液及母婴三种方式传播。

（1）艾滋病的预防措施：

1）洁身自爱、遵守性道德是预防艾滋病的重要措施。

2）使用正规医院提供的血液和血制品，并使用一次性注射器或经过严格消毒的器具。

3）艾滋病不会通过日常活动传播，浅吻，握手，拥抱，共餐，共用办公用品、厕所、游泳池、电话，打喷嚏，蚊虫叮咬，照料艾滋病病人和感染者不会传染艾滋病。

（2）艾滋病的应急方法：

1）与别人共用针管（头）或与异性发生性行为时没戴安全套者，要及时到各级疾病预防控制部门的性病、艾滋病科做检查。

2）艾滋病感染者要配合专业人员做好相关调查。

3）感染艾滋病的妇女要慎重怀孕，避免母亲直接传染给孩子。

10. 人感染高致病性禽流感

高致病性禽流感是在鸡、鸭、鹅等禽类之间传播的急性传病。特殊情况下，禽流感可以感染人类，称为人感染高致病性禽流感。病人早期症状与其他流感非常相似，主要表现为发烧、鼻塞、流鼻涕、咳嗽、嗓子疼、头痛、全身不适。一旦引起肺炎，有可能导致病人死亡。

（1）人感染高致病性禽流感的预防措施。加工食品时，应生熟分开。烹制食品必须熟透，不吃生或半生禽肉、禽蛋，不吃病死禽肉。野生禽类可能会感染、传播禽流感，故不要吃野生禽类。

1）多吃橘子等富含维生素 C 的食品，可以增强抗病能力。

2）尽量避免接触异常死亡的禽类。

3）饲养禽类，须对笼、舍定期消毒。不混养鸡、鸭、鹅等。防止家禽与野生禽鸟接触。

4）活禽市场要做好日常消毒。

（2）人感染高致病性禽流感的应急方法：

1）接触禽类后，出现上述症状应及时到当地医院就诊。

2）发现鸡、鸭、鸽子等禽鸟突然大量发病或不明原因死亡，应尽快报告动物防疫部门，并配合防疫人员做好调查、现场消毒、现场采样、病禽扑杀和疫苗接种等工作。

3）进出禽流感发生地区，应做好必要防护。

安全妙语"谨"上添花：

传染疾病传播广　　要想避免靠预防
洁身自好讲卫生　　勤加锻炼免疫强

四、中毒事件应急避险

1. 食物中毒

食物中毒是指吃了含有毒性物质的食物或误食毒性物质后出现的一类急性疾病。发病者通常感觉肠胃不舒服，伴有恶心、呕吐、肚子疼、拉肚子等症状。

（1）食物中毒的预防措施：

1）不吃不新鲜或有异味的食物。

2）不自行采摘蘑菇、鲜黄花菜或不认识的植物食用。豆角一定要炒熟后再吃；不吃发芽的土豆；不吃霉变甘蔗、霉变红薯；不喝生豆浆；不吃有异味或没有检验合格证的蜂蜜。

3）生熟食品要分开存放，水产品以及肉类食品应炒熟后再吃。

4）不用饮料瓶存放化学品。存放化学品的瓶子应该有明显标志，并置于隐蔽处，避免儿童由于辨别不清而饮用。

（2）食物中毒的应急方法：

1）立即停止食用可疑食品。

2）大量喝水，稀释毒素。

3）用筷子、勺把或手指压舌根部，轻轻刺激咽喉引起呕吐。

4）误食强酸、强碱后，及时服用稠米汤、鸡蛋清、豆浆、牛奶等，以保护胃黏膜。

5）用塑料袋留好可疑食品、呕吐物或排泄物，供化验使用。

6）尽早把病人送往医院诊治。

2．有机溶剂中毒

苯、甲苯、二甲苯、汽油、正己烷、氯仿、氯乙烷、甲醇、乙醚、丙酮、二硫化碳等，都可能引起人体中毒。

（1）有机溶剂中毒的预防措施：

1）发生中毒事故区域（特别是下风方向）的人员应尽快撤离或就地躲避在建筑物内。施救者做好自身防护后，方可进入现场。

2）对呼吸、心跳停止者，应立即施行人工呼吸和胸外心脏按压，有条件的可采取心肺复苏措施，同时呼叫"120"，送往医院救治。

3）与毒物密切接触者，应卧床休息，接受严密的医学观察。

（2）有机溶剂中毒的应急方法：

1）立即将中毒者转移至空气新鲜的地方，脱去被污染的衣物，迅速用大量清水或肥皂水清洗被污染的皮肤，同时注意保暖。眼部被污染的，立即用清水冲洗，至少冲洗 10 min。

2）若中毒者昏迷，施救者可根据现场情况及中毒物质种类，采用拇指按压人中、十宣、涌泉等穴位的办法施救。

3．农药中毒

大量接触或误服农药，会出现头晕、头痛、浑身无力、多汗、恶心、呕吐、肚子疼、腹泻、胸闷、呼吸困难等症状。重者还会有瞳孔缩小、昏睡、四肢颤抖、肌肉抽搐、口中有金属味等症状。

（1）农药中毒的预防措施：

1）在农药生产车间等人员聚集的地方发生毒气中毒事故，救助者应戴好防毒面具后进入现场。

2）尽可能向医务人员提供引起中毒的农药的名称、剂型、浓度等。

3）施洒农药时，人员应站在上风方向。

4）盛放农药的瓶子应放在儿童不易拿到的隐蔽处。

（2）农药中毒的应急方法：

1）迅速把病人转移全有毒坏境的上风方向通风处。

2）立即脱去被污染的衣物，用微温（忌用热水）的肥皂水、稀释碱水反复冲洗体表 10 min 以上（敌百虫中毒用清水冲洗）。

3）眼部被污染的，立即用清水冲洗，至少冲洗 10 min。

4）口服农药后神志清醒的中毒者立即催吐、洗胃，越早越彻底越好。

5）昏迷的中毒者出现频繁呕吐症状时，救护者要将他的头放低，并偏向一侧，以防呕吐物阻塞呼吸道而引起窒息。

6）中毒者呼吸、心跳停止时，立即在现场施行人工呼吸和胸外心脏按压，同时呼叫"120"，送往医院抢救。

4．毒鼠强中毒

毒鼠强是剧毒化学品，对人畜生命危害极大。

（1）毒鼠强中毒的预防措施：

1）国家禁止生产和使用毒鼠强。

2）对原因不明的突然出现抽搐、昏迷的"怪病"病人，要考虑可能是毒鼠强中毒。鼠药中毒后抽搐的病人多数是毒鼠强中毒。

（2）毒鼠强中毒的应急方法：

1）立即彻底洗胃、催吐、导泻，清除胃内毒物。

2）吸痰，保持呼吸道通畅。

3）发生抽搐的病人，要防止跌伤、肌肉撕裂、骨折或关节脱位等；背部应垫上衣物，避免背部擦伤和椎骨骨折；为防止咬伤舌头，用纱布缠绕压舌板塞入病人上下齿之间，但要注意不要造成舌后坠，以免影响呼吸。

4）对呼吸、心跳停止者，立即施行人工呼吸和胸外心脏按压。

5）立即拨打"120"电话，送往医院抢救。

安全妙语"谨"上添花：

急性中毒真危险　　抓紧时间送医院
平时预防有绝招　　病从口入切记牢

五、燃气事故应急避险

1. 燃气的概念

燃气是气体燃料的总称，它能通过燃烧而放出热量，供城市居民和工业企业使用。燃气的种类很多，主要有天然气、人工燃气、液化石油气和沼气。

2. 燃气事故的危害

通常情况下，燃气少量泄漏不会引起着火、爆燃等事故，但如果处理不及时，室内泄漏的燃气就会慢慢聚集，达到一定浓度，遇明火可能引发局部爆燃着火，造成一定损失。当燃气泄漏量较大时，泄漏的燃气与空气混合达到爆炸极限，遇明火就会发生爆炸，造成人身伤亡和财产损失，严重的还会殃及左邻右舍。

3．燃气事故的预防措施

（1）掌握燃气安全常识、燃气设施的维护及报修知识。

（2）使用燃气应先点火，后开气。一时未点着，要迅速关闭灶具开关，切忌先放气，后点火。使用自动点火灶具时，将开关旋钮向里推进，按箭头指示方向旋转，点火并调节火焰大小。

（3）注意调节火焰和风门大小，使燃烧火焰呈蓝色锥体，火苗稳定。

（4）使用时，人不要远离，以免沸汤溢出扑灭或被风吹灭火焰，造成漏气。

（5）使用完毕，注意关好灶具或热水器开关，做到人走火灭。

同时将灶前阀门关闭，确保安全。长期不用，请将表前阀门关闭。

（6）使用燃气灶具时，注意厨房通风，保持室内空气新鲜。

（7）教育儿童不要玩耍燃气灶具开关。

4．燃气事故应急避险

当嗅到非常浓的可燃气异味时，说明有漏气的地方，应立即关闭燃气入户总阀门（如燃具开关、旋塞阀、球阀），同时断绝一切明火，不准开、关一切电器，要打开门窗通风，可用扇子等扇赶室内的燃气。应立即离开漏气场所，并迅速疏散家人、邻居，阻止无关人员靠近。不得在漏气场所打电话，应该使用远离危险现场的电话拨打当地抢险电话并说明是哪种可燃气泄漏。

安全妙语"谨"上添花：

> 燃气灶具要小心　　　使用完毕关阀门
> 一旦发现有漏气　　　妥善处理莫着急

六、户外应急避险

1．户外的概念

户外泛指走出家门。户外活动也就是走出家门的活动。狭义的户外，是指户外登山、露营、穿越、攀岩、蹦极、漂流、冲浪、滑翔、滑水、攀冰、定向、远足、滑雪、潜水、滑草、高山速降自行车、越野山地车、热气球、溯溪、拓展、飞行滑索等野外运动项目。

2．户外运动事故的预防措施

（1）活动前的准备。人们都认为户外运动本身就是一个锻炼身体、感受户外生活、增长自己见识的过程，但是由于户外活动的某些特殊性，导致在运动过程中存在一些无法预知的可能性，有些时候还会危及个人安全。

1）购买保险。任何户外运动都会存在一定的风险，所以出行前必须购买意外伤亡等相关特种保险，能够给自己和家人一个保障。

2）制订方案。进行户外运动之前要做好充分的准备，自然少不了制订一份合适的方案。因为将要去的地方也许你不是很了解，包括当地的地形和交通。为了防止突发事件的发生，提前制订好一份方案是十分重要的，以防行进过程中发生意外。

3）准备好装备。专业的户外装备对于户外运动而言是十分重要的，穿着有护踝及鞋底有凹凸纹的防滑登山徒步鞋，如有需要还可以选择携带登山杖，登山的时候不仅可以节省力气，还可以保证安全。穿着适合远足的衣服和鞋袜，避免穿短衣短裤。戴好帽子，夏天遮阳，冬天保暖。手机可以说是最为快捷的求助工具，但应注意其信号覆盖范围。在某些山岭间特别是山谷内，往往是没有信号的。如遇险情，应该到达离你最近的山顶或制高点。另外，还可以带些随身物品，如小刀、指南针、水壶、打火机等都是必需的，并且物体所占的空间不大，但在有需要的时候却是十分有用的。

（2）活动途中。活动过程中要注意安全，尊重领队的经验，依从其决定和指示，沿途设置统一标记物。控制队伍行进速度，保持节奏，以免首尾脱节。首尾通过对讲机保持联系。不要为了挑战自己或者好胜而冒险，不要进入草丛茂密的地方，不可以随便渡过水流较快且水较深的河流，这些都是十分危险的。

3. 户外应急避险

（1）迷路应急避险：

1）回到认识的地方。山野行走，一旦迷失方向，赶快回到自己所认识的地方，用罗盘和地图确定所处方位和目的地方位。休息时多注意周围风景与标志，不要直走下坡路，因为下坡路视野范围小，方向不易确认。

2）山路上用塑料带、树枝或石头做记号。走在前方领头的人，遇到情况要做标记通知后面跟来的人。标记要做在易见又安全的地方，不要随便做些无意义的记号、容易混淆的记号。

（2）落石应急避险。有时自己不小心踏落石头，要立刻发声，通知下面上来的人。通常把易浮动的石头称为浮石。多石头的地方，浮石看起来比周围的石头新，仔细观察即可分辨，走路时要避免踩踏浮石。

（3）身体不适应急避险：

1）除去束缚。

2）呼吸急促，脸色发红，但不出汗，很可能是中暑，这时应将不适者抬到树荫下休息，并将头部垫高，身体平躺，保持安静。

3）有呕吐症状时，应俯卧，右手放在下巴处，当作枕头，放松身体，安静休息。

（4）植物刺伤和虫蛇咬伤应急避险：

1）用水冷却或涂软膏。行走时穿长袖衬衫和长裤，可避免受伤。

2）野外露营时，带蚊香、花露水或风油精，涂抹暴露在外的皮肤，防止虫咬。被蚊虫叮咬时，尽量不要用手抓痒。

3）避免被蛇咬伤。蛇属夜间活动的动物，白天多在洞里休息。因此，应避免夜晚在山野出行，更不要把手放在自己看不到的地方。

4）若被毒蛇咬伤，未送医院前，先用绳子绑紧伤口上方靠近心脏的地方，避免毒液随血液循环到人体内。用没有伤口的嘴吸毒，在安抚患者情绪的情况下，尽快送往医院或用蛇药急救。

（5）断水应急避险。断水有两种情况，一种是没有任何可供饮用的水源，另一种是没有干净卫生的饮用水。第一种情况一般野外不多见，第二种情况则比较多见。如果携带的饮用水用尽，而附近水源有泥沙或者被污染，就需要进行净化处理后再行饮用。

第三章

事故应急
救援要则

第一节　日常急救要则与应急

一、如何呼叫急救车辆

1. 报告信息要准确

拨打"120"时，地址、简要病情、病人相关信息是最重要的。在危急关头，慌张、恐惧在所难免，但应尽量保持镇静，讲话清晰、简练，确保接线员能听清你在说什么。

正确表述地址：所在区（县）、街道、小区、楼号及门牌号。报告地址时，最好将周边明显的建筑物，如加油站、地铁、商场等信息告知接线员。简要描述病情，告知病人最典型的发病表现、既往病史以及病人的姓名、性别、年龄等信息。

等"120"先挂电话。有些人一心急，报完地址后就匆匆挂断电话。专家称，务必等"120"询问完相关信息，挂断电话后你再挂机。最重要的是，要将自己的联系方式准确无误地告知接线员。除家里的座机号码之外，手机号码也应告知。

2．公共场合如何拨打"120"

这种急救电话主要存在地址表述不清、打电话的人不在现场等问题。遇上车祸等事故时，应留守到急救人员到来之后再离开，一方面指引"120"尽早找到事发地，另一方面随时向急救人员简要描述病人状况。

3．特殊情况特殊对待

对成人非创伤性心脏、呼吸骤停（即病人失去知觉、呼吸停止）的，要先拨打"120"，再进行自救互救。而对溺水、电击、急性上呼吸道异物阻塞等情况，要先进行 2 min 的心肺复苏，再拨打"120"。

4．等待"120"时的注意事项

确保联系畅通。有些人用座机打完"120"后，就把病人搀扶到路口等待，急救人员再打电话时怎么都联系不上。若只有座机，应守在电话旁，并避免占线，随时听从急救人员的问路咨询或医疗指导。如果当时人手较多，可派一人到与急救人员约好的地点等待，接应救护车并为急救人员指路。

二、紧急状况发生应急技巧

1. 异物入眼应急技巧

任何细小的物体或液体，哪怕是一粒沙子或是一滴洗涤剂进入眼中，都会引起眼部疼痛，甚至损伤眼角膜。急救时，首先应用力且频繁地眨眼，用泪水将异物冲刷出去。如果不奏效，就将眼皮捏起，然后在水龙头下冲洗眼睛。注意一定要将隐形眼镜摘掉。

不能揉眼睛，无论多么细小的异物都会划伤眼角膜并导致感染。如果异物进入眼部较深的位置，务必立即就医，请医生来处理。如果是腐蚀性液体溅入眼中，必须马上去医院进行诊治；倘若经过自我处理后眼部仍旧不适，出现灼烧、水肿或是视力模糊的情况，也需要请医生借助专业仪器来治疗，切不可鲁莽行事。

2. 扭伤应急技巧

当关节周围的韧带被拉伸得过于严重，超出了其所能承受的程度，就会发生扭伤，扭伤通常伴有青紫与水肿。急救时，在扭伤发生的 24 h 之内，尽量做到每隔 1 h 用冰袋冷敷一次，每次 30 min。将受伤处用弹性压缩绷带包好，并将受伤部位垫高。24 h 之后，开始对患处施以热敷，促进受伤部位的血液流通。

不能随意活动受伤的关节，否则容易造成韧带撕裂，恢复起来相对比较困难。如果经过几日的自我治疗和休息之后患处仍旧疼痛且行动不便，那么有可能是骨折、肌肉拉伤或者韧带断裂，需要立即到医院就诊。

3. 流鼻血应急技巧

鼻子流血是由于鼻腔中的血管破裂造成的，鼻部的血管都很脆弱，因此流鼻血也是比较常见的小意外。急救时，身体微微前倾，并用手指捏住鼻梁下方的软骨部位，持续 5~15 min。如果有条件的话，放一个小冰袋在鼻梁上也有迅速止血的效果。

不能用力将头向后仰起，这样的姿势会使鼻血流进口中，慌乱中势必还会有一部分血液被吸进肺里，这样做既不安全也不卫生。如果鼻血持续 20 min 仍旧止不住的话，患者应该马上去医院就诊。如果流鼻血的次数过于频繁且毫无原因，或是伴有头痛、耳鸣、视力下降以及眩晕等其他症状，那么也务必去医院诊治，因为这有可能是大脑受到了震荡或是重创。

4. 烫伤应急技巧

一旦发生烫伤，立即将被烫部位放置在流动水下冲洗或是用凉毛巾冷敷。如果烫伤面积较大，伤者应该将整个身体浸泡在放满冷水的浴缸中。可以将纱布或是绷带松松地缠绕在烫伤处以保护伤口。

不能采用冰敷的方式治疗烫伤，冰会损伤已经破损的皮肤，导致伤口恶化。不要弄破水疱，否则会留下疤痕。也不要随便将抗生素药膏或油脂涂抹在伤口处，这些黏糊糊的物质很容易沾染脏东西。三级烫伤、触电灼伤以及被化学品烧伤务必到医院就诊。另外，如果病人出现咳嗽、流泪或者呼吸困难，则需要专业医生的帮助。二级烫伤如果面积大于手掌的话，患者也应去医院诊治，专业的处理方式可以避免留下疤痕。

5．窒息应急技巧

真正的窒息在现实生活中很少发生，喝水呛到或是被食物噎到一般都不算是窒息。窒息发生时，患者不会有强烈的咳嗽，不能说话或是呼吸，脸部会短时间内变成红色或青紫色。

首先要迅速叫救护车。在等待救护车的同时，需要采取以下措施：让患者身体前倾，以手掌用力拍患者后背两肩中间的位置。如果不奏效，那么需要站在患者身后，用拳头抵住患者的腹背部，用另一只手握住那个拳头，上下用力推进推出五次，帮助患者呼吸。患者也可以采取这样的自救措施：将自己的腹部抵在一个硬质的物体上，比如厨房台面，然后用力挤压腹部，让卡在喉咙里的东西弹出来。

不要给正在咳嗽的患者喂水或是其他食物。只要窒息发生，就需要迅速叫救护车抢救患者。

6．中毒应急技巧

发生在家庭中的中毒一般是由于误食清洁、洗涤用品，一氧化碳吸入或是杀虫剂摄入造成的。急救时，如果患者已经神志不清或是呼吸困难，应迅速叫救护车，并向医生说明如下问题：摄入或吸入什么物质，量是多少，患者的体重、年龄以及中毒时间。

直到症状出现才叫救护车往往会延误治疗时间。在等待救助过程中，不要给患者吃喝任何东西，也不要企图帮助患者催吐，因为有些有毒物质在被吐出来的过程中可能会伤害到患者的其他器官。只要中毒发生，就需要迅速叫救护车抢救患者。

7. 头部"遇袭"应急技巧

头骨本身非常坚硬，所以一般的外力很少会造成头骨损伤。倘若外力过于猛烈，则颈部、背部、头部的脆弱血管就成为"牺牲品"。急救时，如果头上起了包，那么用冰袋敷患处可以减轻水肿。如果被砸伤后头部开始流血，处置方式和被割伤一样，即用干净的毛巾按压伤口止血，然后去医院缝合伤口，并检查有无内伤。如果被砸伤者昏厥，那么需要叫救护车速送医院，一刻也不能耽搁。

不要让伤者一个人入睡。在被砸伤的 24 h 之内，一定要有人陪伴伤者。如果伤者入睡，那么每隔 3 h 就要叫醒伤者一次，并让伤者回答几个简单问题，以确保伤者没有昏迷，没有颅内伤，比如脑震荡。当伤者出现惊厥、头晕、呕吐、恶心或行为有明显异常时，需要马上入院就医。

8. 炸伤应急技巧

如果炸伤眼睛，不要揉擦和乱冲洗，最多滴入适量消炎眼药水并平躺，拨打"120"或急送有条件的医院。

如果手部或足部被鞭炮等炸伤流血，应迅速用双手卡住其出血部位的上方，若有云南白药粉或三七粉可以撒上止血。如果出血不止且量大，则应用橡皮带或粗布扎住出血部位的上方，抬高患肢，急送医院清创处理。但捆扎带每隔 15 min 要松解一次，以免患部缺血坏死。

9. 手指切伤应急技巧

如果出血较少且伤势并不严重，可在清洗之后，以创可贴覆盖伤口。不主张在伤口上涂抹红药水或止血粉之类的药物，只要保持伤口干净即可。

若伤口大且出血不止，应先止住流血，然后立刻赶往医院。具体止血方法是：伤口处用干净纱布包扎，捏住手指根部两侧并高举过心脏，因为此处的血管分布在左右两侧，采取这种手势能有效止住出血。使用橡皮止血带效果会更好，但要注意，每隔20~30 min 必须将止血带放松几分钟，否则容易引起手指缺血坏死。

10. 脑出血应急技巧

家属要克制感情，切勿为了弄醒病人而大声叫喊或猛烈摇动昏迷者，否则只会使病情迅速恶化。

使病人平卧于床，由于脑压升高，此类患者极易发生喷射性呕吐，如不及时清除呕吐物，可能导致脑出血昏迷者因呕吐物堵塞气道窒息而死。因此，病人的头必须转向一侧，这样呕吐物就能流出口腔。

家属可将冰袋或冷毛巾敷于病人前额，以利止血和降低脑压。

三、家庭急救禁忌

（1）急性腹痛忌服止痛药。服止痛药会掩盖病情，延误诊断，应尽快去医院就诊。

（2）腹部受伤内脏脱出后忌立即复位，脱出的内脏须经医生彻底消毒处理后再复位。防止感染造成严重后果。

（3）使用止血带结扎忌时间过长。止血带应每隔1 h放松15 min，并做好记录，防止因结扎肢体时间过长造成远端肢体缺血坏死。

（4）昏迷病人忌仰卧，应使其侧卧，防止口腔分泌物、呕吐物吸入呼吸道引起窒息。更不能给昏迷病人进食、进水。

（5）心源性哮喘病人忌平卧，因为平卧会增加肺脏瘀血及心脏负担，使气喘加重，危及生命。应取半卧位使下肢下垂。

（6）脑出血病人忌随意搬动。如有在活动中突然跌倒昏迷或患过脑出血的瘫痪者，很可能有脑出血，随意搬动会使出血更加严重，应平卧，抬高头部，即刻送医院。

（7）小而深的伤口忌马虎包扎。若被锐器刺伤后马虎包扎，会使伤口缺氧，导致破伤风杆菌等厌氧菌生长，应清创消毒后再包扎，并注射破伤风抗毒素。

（8）腹泻病人忌乱服止泻药。在未消炎之前乱服止泻药，会使毒素难以排出，肠道炎症加剧。应在使用消炎药痢特灵、黄连素之后再用止泻药，如易蒙停等。

（9）触电者忌徒手拉救。发现有人触电后立刻切断电源，并马上用干木棍、竹竿等绝缘体排开电线。

安全妙语"谨"上添花：

紧急施救要及时　　关键时刻不能急
急救电话要讲细　　情况不妙急送医

第二节 日常生活急救技术与应急

一、儿童伤害急救技术与应急

1. 儿童烫伤的急救措施

烫伤是幼儿最常见的意外伤害之一。有些家长和老师在情急之下，就会按照土法用酱油或者牙膏涂抹烫伤之处，结果导致伤口感染，使烫伤程度进一步加深。当孩子不慎被烫伤时，一定要保持镇定，进行紧急救护，最大限度地减小烫伤造成的损害。

首先要第一时间让孩子脱离热源，把烫伤部位放在洁净的凉水中冲淋。如果烫伤部位没有办法放在凉水中冲淋，可用冷湿的毛巾覆盖在局部，然后每隔1~2 min更换一次毛巾，有条件的话，最好在毛巾上面放置冰块以保证毛巾冷湿而持续降温，这样有助于及时散热，减轻孩子的疼痛感及烫伤程度。在冷却烧伤部位后，可用宽松而合身的衣物覆盖在烫伤部位，以防创面感染。当然，烫伤严重的孩子应该尽快送去医院处理。

2. 儿童触电的急救措施

孩子一旦发生触电，千万不要下意识地去拉触电的孩子或电线，一定要先迅速切断电源。否则，不但无法救孩子，还有可能伤及大人。如果电源关不了，则可用厚而干的衣服、木棒（扫帚柄或椅子）或用干毛巾绕在孩子脚上推开或拖开孩子。在孩子脱离电源之后，要尽快将孩子移到通风较好的地方，然后送医院进一步治疗。

3．儿童鼻出血的急救措施

鼻出血对于孩子来说是很常见的现象。一些大人常常将孩子的头向后仰，然后不停地拍击他们的额头。其实这些做法是完全错误的，头后仰虽然看上去使鼻血暂时没有往下流，但实际上鼻血通过咽喉、食道，直接流到了胃里。拍击额头就更危险了，孩子脆弱的血管会因此而受到震荡，还有可能引起血管进一步破裂。

正确的止血方法是：先让孩子坐下来，安抚他的情绪，然后用大拇指和另一手指完全夹住鼻子的柔软部分，朝面部骨头方向轻轻地捏压住鼻子。按压姿势要保持 5 min，并且其间不要停止压迫而察看出血是否停止。在压迫 5 min 后，轻轻地松开鼻子，以防再次出血。鼻出血停止后，要让孩子保持至少 30 min 的安静活动或轻微活动。当然，还要记得提醒孩子不能擤鼻子，以防再次出血。

4．儿童穿刺伤的急救措施

如果孩子的皮肤不小心被锐利的物品穿刺了，首先要尽快用镊子取出容易夹住的小物体，如果是不容易取出的小物体，或物体过大，或是插入过深，则需要求助医生或通知 120 急救中心，千万不要勉强取出或移动这些物体。有需要的话，也可以用绑带固定物体，防止它旋转、活动或造成进一步的伤害。然后，可以用干净的水给孩子冲洗伤口。有些时候穿刺的物体虽然已经取出，但是其实已经造成了内出血，甚至感染。所以，家长和老师千万不要掉以轻心，以为表面清理干净就应该没事了。

如果穿刺进孩子皮肤的物体非常脏，而且孩子上一次接种破伤风疫苗的时间已经达五年以上，则孩子需要看医生，进行破伤风的加强免疫治疗。

5. 儿童意外窒息的急救措施

孩子的咀嚼器官都比较小，无法把食物嚼得很碎，但是又尤其喜欢把东西放进嘴里咬，一旦卡在喉咙口，很容易引发窒息。有些家长和老师的第一反应就是赶快将东西抠出来，或者让孩子拼命喝水，试图把异物吞咽下去。其实这些做法都是错误的，只会使堵塞进一步加重，延缓正确的救治。

若有超过1岁的幼儿发生窒息，首先要柔声询问孩子是否还能说话。假如他可以说话、咳嗽或呼吸，就要引导他自己设法把梗塞物咳出来；反之，就必须马上用腹部推压法进行急救。具体做法是：站在孩子后面，一手握拳头，放在孩子肚脐上方、胸骨下方，使孩子紧紧贴近救助者，用握紧的拳头快速向上、向内推压孩子的腹部，连续推压直到急救人员赶到或见到异物排出，或孩子出现意识不清的情况才停止推压。

1岁以下的孩子万一发生窒息，应使用背部拍击、胸部按压法进行急救。具体是先拍击背部五次，然后胸部按压五次，反复交替进行急救。如果孩子意识不清、没有呼吸，则马上给予呼吸急救。具体是先开放孩子的气道，观察孩子有无呼吸的起伏。如果孩子口腔里有容易取出的异物，则小心地将异物取出来，但切不可盲目地用手指在口腔里乱扫，这样有时反而会把异物推入气道内。倘若在开放气道后仍未见孩子有呼吸，则马上给予人工呼

吸，直到孩子能够自主呼吸或者急救人员赶到为止。

6．儿童中毒的急救措施

许多学龄前儿童探索新事物首先是通过味觉，他们会把玩具、食物、化学物或植物等都放在嘴里咀嚼尝试。一旦发生中毒情况，常常有些家长和老师会在慌乱中对孩子进行抠嗓使他们呕吐，其实很多毒素进入人体以后不是能够靠呕吐完全排清的。另外，有些土法认为给孩子喝鸡蛋清或者韭菜之类可以驱毒，其实也都是缺乏科学依据的。

万一孩子发生中毒现象，应在第一时间联系急救中心。如果孩子是误食毒物中毒，应立即用软布、一次性毛巾或面巾纸包住手指，取出残留在孩子口中的毒物。同时，保持孩子的左侧卧位，这样可以延缓胃内容物的排空，也可保持气道通畅，有利于呕吐物的排出。对于接触毒物中毒的孩子来说，要立即用肥皂及流动水冲洗接触部位，以清除植物的汁液。对于吸入毒物中毒的孩子来说，应立即把孩子带离中毒现场，假如孩子已经失去意识，则要立即按照意外窒息的应急措施进行抢救。

7．儿童骨折和关节脱位的急救措施

万一发生骨折和关节脱位，千万不要随意移动或搬动孩子，这可能会引起受伤处进一步错位，以及血管因压迫而破裂出血。

首先要问孩子受伤部位是否能够移动，如果他说可以，只是感觉稍微有一点疼，通常说明受伤并不严重。在这种情况下，可以先让孩子选择自己舒服的姿势休息，然后在受伤处盖上一层布，受伤后 24~48 h 内每隔 2~3 h 对受伤部位用冰袋进行冷敷，这样可

以减轻受伤部位的疼痛感、出血以及肿胀。但是冷敷时间以 20~30 min 为宜，切不可长时间不间断地冷敷或者直接将冰袋放在皮肤上，那样会造成孩子皮肤的损伤。与此同时，可以用弹力绑带压住受伤部位，这样可以限制血液和其他液体进一步聚集到伤口处，引起更严重的肿胀。另外，还可以用几个枕头将受伤部位抬高，最好要高于心脏位置，以限制血液聚集到伤口处和减轻肿胀程度。如果情况严重，应该马上叫急救车，在急救车到来之前，可对受伤部位做一些简单的包扎固定，有利于医生的进一步治疗。

8. 儿童被动物咬伤的急救措施

喜欢小动物是孩子的天性，不过有时候小动物也会成为伤害孩子的因素。孩子不幸被它们咬伤时，有些家长和老师觉得只要用家用消毒药水对伤口进行消毒包扎就没有大碍了。其实不然，因为破伤风或者狂犬病病毒都是无法用消毒药水进行消毒的。

首先，千万不要恐慌，要安慰受伤的孩子，使他尽可能地安静、放松。其次，应立即使用肥皂彻底清洗被咬伤的伤口，以降低感染风险。最后，隔着纱布冷敷以保护皮肤，并快速就医。医生会检查孩子是否该接受合适的破伤风免疫，或者判断是否需要注射狂犬疫苗。

二、户外急救技术与应急

1. 户外旅行常备药品及相关物品

（1）感冒药。

（2）退烧药。

（3）止泻药。

（4）肠胃不适药。

（5）晕车药。

（6）驱蚊剂。

（7）外伤药。

（8）蛇药。

（9）纱布、医用胶布、小剪刀。

（10）补充体力饮料。

2．野外急救措施

（1）野外急救的原则：

1）遇到事故时，应沉着大胆，细心负责，分清轻重缓急，果断实施急救。

2）先处理危重病人，再处理病情较轻的病人。对于同一患者，先救治生命，再处理局部。

3）观察现场环境，确保自己及伤者的安全。

4）充分运用现场可供支配的人力、物力来协助急救。

（2）处理前的观察。在做具体处理前，需观察患者全身，并掌握周围状况。判断伤病原因、疼痛部位、程度如何，或将耳朵靠近听呼吸声。尤其要注意脸、嘴唇、皮肤的颜色或确认有无外伤和出血、意识状况、呼吸情形，仔细观察骨折、创伤、呕吐等情况。

随后选择具体的处理方法。尤其是针对呼吸停止、昏迷、大量出血、服毒等情况，不管有无意识，发现者均应迅速做紧急处理，否则将危及患者生命。在观察症状变化的过程中，遇症状恶化时需按急救方法施以应急处理。

现场要尽量组织好对伤病者的脱险救援工作，救护人员要有分工，也要有合作。

（3）观察后的处理。在活动中发生的外伤或突发病况有很多种，所以也需施以各种适当的急救方法加以应付。

在做急救处理时，以患者最舒适的方式移动身体。若患者意识昏迷，需注意确保呼吸道通畅，谨防呕吐物引起的窒息死亡。为确保呼吸通畅，需让患者平躺，有呕吐感者，需让其侧卧或俯卧。

（4）在紧急处理完毕将患者交给医生之前，需对患者进行保暖，避免其消耗体力，以使症状恶化。

搬运患者时，需在充分处理过后安静地运送。搬运方法随伤患情况和周围状况而定。在搬运过程中，患者很累，要适度且有规则地休息，并随时注意患者的病况。

（5）现场抢救时间紧迫，对病情危重者的救治，一要遵守急救原则，二要抓住重点，迅速按以下步骤检查患者。

1）急救体位。患者体位应为"仰卧在坚硬的平面上"。如果患者是俯卧或侧卧，在可能的情况下转为仰卧，放在坚硬的平面上，如木板床、地板或背部垫上木板，这样才能使胸外心脏按压行之有效。不可以使患者仰卧在柔软的物体上，如沙发或弹簧床上，以免直接影响胸外心脏按压的效果。按压时要注意保护患者的头颈部。

帮患者翻身时，抢救者先跪在患者肩颈部的一侧，将其两上肢朝头部方向伸直，然后将离抢救者远端的小腿放在近端的小腿

用力压迫。为判断准确，可先后触摸双侧颈动脉，但禁止两侧同时触摸，以防阻断脑部血液供应。

若没有脉搏，可实施胸外心脏按压术，按压 15 次，按压速度为每分钟 60~80 次。

胸外心脏按压与吹气之比为 15：2，反复进行。连续做四遍或进行 1 min 后再判断，检查脉搏、呼吸恢复情况和瞳孔有无变化。

6）紧急止血。对于有严重外伤者来说，抢救者还应检查其有无严重出血的伤口，若有，应当采取紧急止血措施，避免因大出血引起休克而导致死亡。

7）保护脊柱。因意外伤害、突发事件造成严重外伤时，在现场救治过程中要注意保护脊柱，并在医疗监护下进行搬运，避免脊髓受伤或进一步加重受伤脊柱的伤情，造成截瘫甚至死亡。

三、运动损伤急救技术与应急

1. 运动损伤应急处理的重要性

发生损伤后如果没有及时治疗或治疗措施不当，有可能造成继发损伤或加重伤情，为以后的恢复留下隐患，如关节的习惯性扭伤或脱臼。而有些损伤会导致严重后果甚至死亡，如颈椎受伤可导致瘫痪。因此，掌握必要的损伤处理原则是十分重要的。

2. 软组织损伤应急方法

（1）软组织损伤后，局部有疼痛、肿胀、组织内出血、压痛和运动功能障碍。疼痛程度因人而异，与损伤部位及伤情轻重有关。

伤后出血程度及深浅部位不同，如皮内和皮下出血（瘀斑）或皮下组织的局限性血肿等。

（2）轻度损伤后 24 h 内应局部冷敷、加压包扎、抬高伤肢并休息，以促使局部血液循环加快，组织间隙的渗出液尽快吸收，从而减轻疼痛。不能使用局部揉搓等重手法，可外敷消肿药物。疼痛较重者，可内服止痛剂。

（3）受伤 48 h 后，肿胀已基本消退，可进行温热疗法，包括各种理疗和按摩，以促进肿胀吸收。

（4）肌肉拉伤时，若出血较多，肿胀不断发展或肿胀严重而影响血液循环时，应将伤员送医院进行手术治疗，取出血块，结扎出血的血管，做手术缝合断裂肌肉。

（5）在伤情允许的情况下，应尽早进行伤肢的功能锻炼，逐渐增加抗阻力练习，参加一些非碰撞性练习，并配合进行按摩和理疗等，直至关节活动功能恢复正常。

3. 骨折应急方法

骨折是指骨头连续性的中断。任何骨折的处理都需要专业医生的参与，但为了防止损伤加重，你应该事先了解送医院前如何紧急处理伤处。

（1）使用冰块冷敷，可以缓解骨折处的疼痛和肿胀。

（2）骨折患者有部分需要手术，因此不要让他吃任何东西，也不要喝水。

（3）如果失血情况严重，马上用消毒绷带或干净的布压住受伤部位止血，随意搬运、乱动均会刺破局部血管导致出血，或使已经止血的骨折断端再出血。

（4）如果伤在四肢，在医护人员不能及时赶来的情况下，利用比较坚硬的材质制作夹板，如木头、金属或塑料。用布或胶带将夹板牢牢地固定在受伤的骨骼上，但不要绑得太紧，以免影响血液循环。如果伤在上臂或肩膀，用布做成一根三角形的悬挂带，将受伤的胳膊挂在未受伤的肩膀上，然后在脖子后打结。不要移动受伤的胳膊或腿。

4. 关节脱位应急方法

关节脱位是指组成关节的各骨骼的关节面失去正常的对应关系，又称脱臼。脱臼时骨骼由关节中脱出，产生移位。

脱臼通常会造成韧带的拉扯或撕伤，关节变形疼痛伴重度肿胀。若脱臼的骨骼压迫神经，会造成脱臼关节以下肢体麻木；若压迫到血管，脱臼关节以下肢体会摸不到脉动且颜色发紫。

对于任何脱臼的病患来说，一定要测量脉搏强度及检查感觉功能，若摸不到脉搏，则表示肢体已无足够的血液供应，必须立即送医院就诊。同时，在急救过程中，注意测量脉搏及运动感觉功能。

如果距离医院较远，或不具备 6 h 内送达医院的条件，必须进行必要的急救处理，以防神经血管压迫时间过长造成不可逆损伤。

日常生活中最常见的是肩或肘关节的脱位，遇到这种情况时，首先为避免病患再度跌倒受伤，应帮助其坐下或躺下，检查有无其他伤处，并检查远端脉搏。固定脱臼部位是减轻疼痛的最佳方法，可用杂志、厚报纸或纸板托住脱臼关节，以减轻疼痛。禁止进食，因为可能需要全身麻醉治疗，可使用冰敷减轻病患疼痛及肿胀。

如果救助人员对骨骼不十分熟悉，不能判断关节脱位是否合并骨折发生时，不要轻易实施关节脱位的复位。

　　多数关节脱位在医院复位后，还须进行损伤关节的石膏固定，以促进韧带愈合，防止韧带愈合不良造成的关节松弛等并发症。